高职高专园林专业系列规划教材

园林绘画

主　编　李　卓

副主编　魏麟懿

参　编　闵星伟　关志敏

　　　　张　婷

主　审　蔡惠芳

机械工业出版社

本书以项目教学为主，通过系列项目训练培养学生的观察方法和表现方法，提高造型表达能力、审美能力、欣赏能力与创造能力，从而达到园林专业要求的综合造型能力，为后续的专业课提供艺术造型的基础能力。全书分为素描、色彩和速写三个基础能力训练项目。

本书行文简洁，内容实用，可作为高职高专园林专业的教材，也可作为其他高等院校园林专业的参考书。本书适用于园林设计、环境艺术、建筑设计、城市规划及古建筑工程等专业的教师和学生。

图书在版编目（CIP）数据

园林绘画/李卓主编. —北京：机械工业出版社，2017.6
高职高专园林专业系列规划教材
ISBN 978-7-111-56621-2

Ⅰ.①园…　Ⅱ.①李…　Ⅲ.①园林艺术—绘画技法—高等职业教育—教材　Ⅳ.①TU986.1

中国版本图书馆CIP数据核字（2017）第082391号

机械工业出版社（北京市百万庄大街22号　邮政编码100037）
策划编辑：时　颂　责任编辑：时　颂　邓　川
责任校对：王　延　封面设计：张　静
责任印制：李　飞
北京铭成印刷有限公司印刷
2017年5月第1版第1次印刷
184mm × 260mm · 11.5印张 · 268千字
标准书号：ISBN 978-7-111-56621-2
定价：39.00 元

凡购本书，如有缺页、倒页、脱页，由本社发行部调换
电话服务　网络服务
服务咨询热线：010-88379833　机 工 官 网：www.cmpbook.com
读者购书热线：010-88379649　机 工 官 博：weibo.com/cmp1952
教育服务网：www.cmpedu.com
封面无防伪标均为盗版　金 书 网：www.golden-book.com

高职高专园林专业系列规划教材
编审委员会名单

出版说明

近年来，随着我国的城市化进程和环境建设的高速发展，全国各地都出现了园林景观设计的热潮，园林学科发展速度不断加快，对园林类具备高等职业技能的人才需求也随之不断加大。为了贯彻落实国务院《关于大力推进职业教育改革与发展的决定》的精神，我们通过深入调查，组织了全国二十余所高职高专院校的一批优秀教师，编写出版了本套“高职高专园林专业系列规划教材”。

本套教材以“高等职业教育园林工程技术专业教学基本要求”为纲，编写中注重培养学生的实践能力，基础理论贯彻“实用为主、必需和够用为度”的原则，基本知识采用广而不深、点到为止的编写方法，基本技能贯穿教学的始终。在编写中，力求文字叙述简明扼要、通俗易懂。本套教材结合了专业建设、课程建设和教学改革成果，在广泛的调查和研讨的基础上进行规划和编写，在编写中紧密结合职业要求，力争能满足高职高专教学需要，并推动高职高专园林专业的教材建设。

本套教材包括园林专业的16门主干课程，编者来自全国多所在园林专业领域积极进行教育教学研究，并取得优秀成果的高等职业院校。在未来的2~3年内，我们将陆续推出工程造价、工程监理、市政工程等土建类各专业的教材及实训教材，最终出版一系列体系完整、内容优秀、特色鲜明的高职高专土建类专业教材。

本套教材适合高职高专院校、应用型本科院校、成人高校及二级职业技术院校、继续教育学院和民办高校的园林及相关专业使用，也可作为相关从业人员的培训教材。

机械工业出版社
2016年9月

丛 书 序

为了全面贯彻国务院《关于大力推进职业教育改革与发展的决定》，认真落实教育部《关于全面提高高等职业教育教学质量的若干意见》，培养园林行业紧缺的工程管理型、技术应用型人才，依照高职高专教育土建类专业教学指导委员会规划园林类专业分指导委员会编制的园林专业的教育标准、培养方案及主干课程教学大纲，我们组织了全国多所在该专业领域积极进行教育教学改革，并取得许多优秀成果的高等职业院校的老师共同编写了本套“高职高专园林专业系列规划教材”。

本套教材包括园林专业的《园林绘画》《园林设计初步》《园林制图（含习题集）》《园林测量》《中外园林史》《园林计算机辅助制图》《园林植物》《园林植物病虫害防治》《园林树木》《花卉识别与应用》《园林植物栽培与养护》《园林工程计价》《园林施工图设计》《园林规划设计》《园林建筑设计》《园林建筑材料与构造》共16册，较好地体现了土建类高等职业教育培养“施工型”“能力型”“成品型”人才的特征。本着遵循专业人才培养的总体目标和体现职业型、技术型的特色以及反映新课程改革成果的原则，整套教材在体系的构建、内容的选择、知识的互融、彼此的衔接和应用的便捷上不但可为一线老师的教学和学生的学习提供有效的帮助，而且必定会有力推进高职高专园林专业教育教学改革的进程。

教学改革是一项在探索中不断前进的过程，教材建设也必将随之不断革故鼎新，希望使用本系列教材的院校以及老师和同学们及时将你们的意见、要求反馈给我们，以使本系列教材不断完善，成为反映高等职业教育园林专业改革新成果的精品系列教材。

高职高专园林专业系列规划教材编审委员会

2016 年 9 月

前　言

21世纪是一个全新的设计时代，随着生活水平的不断提高，人们对生活环境有了更高的追求。这促使着园林行业不断地发展，设计及施工技术方面也不断地进步和创新。

园林绘画在园林专业中是一门重要的专业基础课。通过本课程的学习，学生能够认识园林绘画并掌握园林绘画的表现方法及基本的绘画要素。希望通过本书，学生可以对园林绘画形成基础的认识，并且提高徒手表达能力，明确学习目标，为下一步的学习打下夯实的基础。本书的策划与编写，以能力培养为本，以学习项目和任务为主线，打破科学本位思想，在课程结构设计上尽可能适应专业需要，结合学校实际情况和专业需求，突出能力训练，从而满足社会对实用型人才的需求。本书可作为高职高专园林设计、环境艺术、城市规划、建筑设计及古建筑工程等专业的绘画基础教材，还可作为其他高等院校园林专业的参考书。

本书由黑龙江建筑职业技术学院李卓担任主编，甘肃农业职业技术学院魏麟懿担任副主编，参编人员有黑龙江建筑职业技术学院闵星伟、关志敏和上海农林职业技术学院张婷。本书由李卓统稿，由黑龙江建筑职业技术学院蔡惠芳副院长主审。本书共分三个项目，其中项目一、项目二任务三、项目二任务四、项目三为李卓编写，项目二任务一、项目二任务二为魏麟懿编写，闵星伟、关志敏、张婷负责提供资料。

在本书编写的过程中，得到了黑龙江建筑职业技术学院、甘肃农业职业技术学院及上海农林职业技术学院的大力支持，同时我们也参考了国内外的有关著作，谨向有关专家、学者和给予我帮助的朋友们表示衷心的感谢。本书编写中还引用了大量前辈、学者的观点、研究成果、文字和图片等，一并对他们表示感谢。感谢王蕾和李佳朋为我提供的技术支持。

本书内容简明实用、循序渐进、指导性强，也可作为广大绘画爱好者的初学教材。由于编者水平有限，难免有疏漏，不妥之处敬请各位老师和同行批评指正。

编　者

目　录

项目一 素描基础能力训练

【项目引言】

园林绘画课是园林专业的一门基础训练课程，是重要的必修课程。本课程秉持由浅及深、循序渐进的教学原则，通过进行实践训练从而达到教授学生绘画艺术规律的目的。素描基础能力训练在园林设计的过程中是至关重要的表达能力训练，园林专业学生学习素描，将对其在未来的园林专业设计表达中起到重要的基础作用。

素描基础能力训练阶段是让学生理解素描造型的原理，掌握基本的造型能力并能熟练运用，为以后的园林设计表达打下夯实的基础。

素描作为园林专业学生的基础训练课程，主要对学生的基础造型能力进行训练，包括形体观察能力、形体刻画（表现）能力、形体创造能力，着重培养学生在造型方面意识的形成，培养学生的画面构成能力和设计创新能力，引导并提高学生的审美意识。

针对学习园林专业的学生来说，为什么要学习素描造型基础呢？

素描造型基础在今后的园林设计中有什么作用呢？

素描造型基础怎样与园林设计相结合？

下面通过图片来阐释素描与园林设计的关系。图 1-1a 为园林设计效果图，图中墨线自然洒脱，体现了很好的线条表现能力，并且空间、透视表达准确。图 1-1b 是将图 1-1a 中的树冠理解成球体，将树干理解成圆柱体，将建筑理解成长方体。这种由复杂形体转化成的简单形体，便于我们理解画面中物体的本质空间构成，从而将陌生的视觉信息转化成熟悉的视觉信息。

图 1-2 用长方体、球体和圆柱体等基本的几何形体，组成了与图 1-1b 相似的三维空间图，由此我们可以清楚地看到素描中几何形体与园林设计的关系以及素描造型基础能力对于园林设计的重要性。

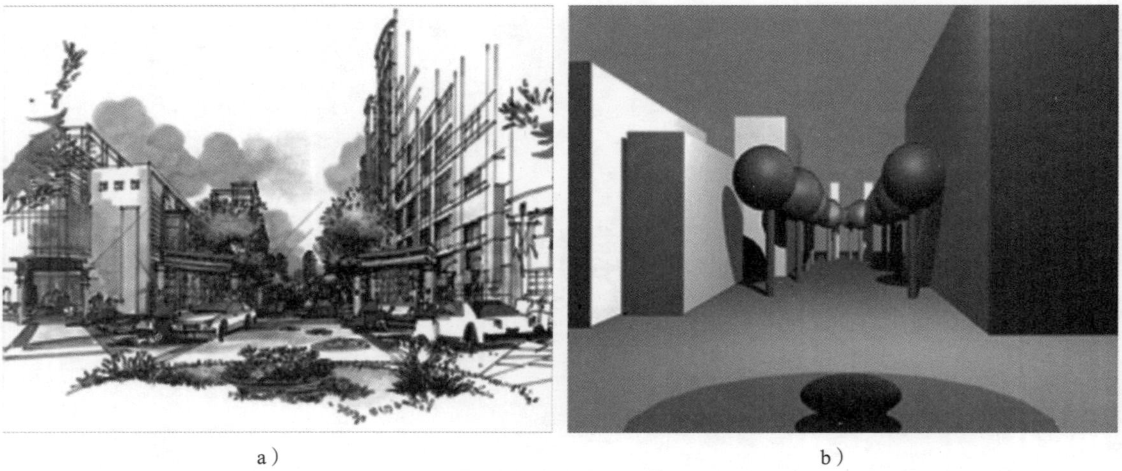

图 1-1　园林设计效果图与抽象图对比

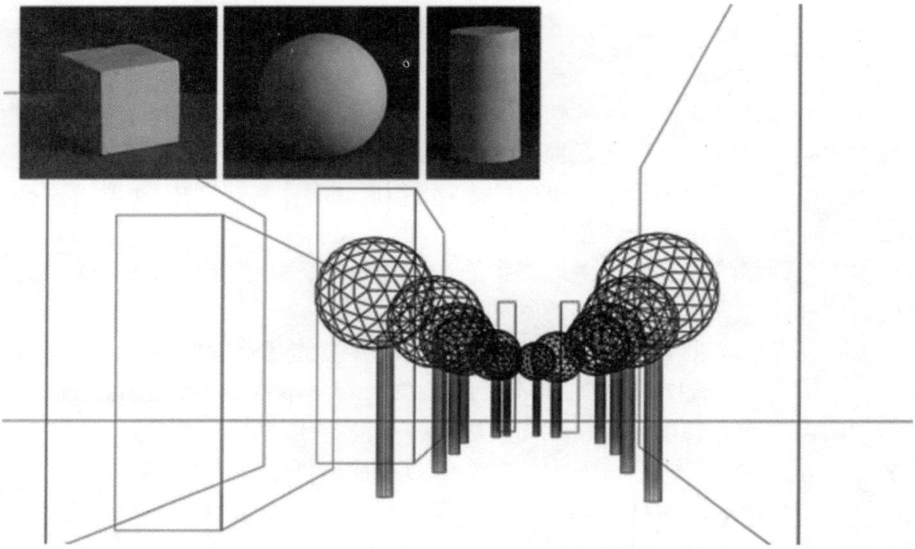

图 1-2　由几何形体组成的三维空间图

学习目标

通过与园林专业相符合的阶梯任务训练，学生能理解素描造型的原理、规律并掌握景物的透视变化、景物的结构关系、景物的明暗关系与空间关系；掌握简单形体组合与分解的方法；掌握素描绘画表达的步骤和具体表现方法，最终掌握徒手表达园林设计手绘表现图的能力。

任务一　几何形体结构素描训练

【任务分析】

几何形体结构素描训练是素描基础能力训练的一部分。通过对几何形体结构的造型能力训练，学生能掌握线条的表现能力并运用线条来表现形体的准确结构，从而培养学生的造型能力、审美能力和构图能力。

【任务目标】

通过研究和表现简单的几何形体，掌握造型最基本的要素和结构素描的表达方法，初步理解透视原理和物体的体积结构关系，并将其应用于画面的表现中。

【任务描述】

一、任务内容要求

（1）单个几何形体结构素描练习。

（2）组合几何形体结构素描练习。

二、任务标准

（1）构图完整，图面和谐。

（2）线条松弛有力，结构合理，透视准确。

（3）图面整洁，体与体之间位置关系明确，形体准确。

三、工具

4 开素描纸、铅笔、橡皮、画板。

【实例展示】

几何形体结构素描是造型基础中最基础也是最重要的训练环节，是认识与研究形体结构的第一步。初学者要认真观察物体透视与结构的关系，同时要熟练掌握画线条的技术，加强表现能力，最终理解形体的本质含义。

1. 正方体（图 1-3）的绘画步骤

图 1-3　正方体

步骤一：用长线条画出正方体的大概轮廓，定出正方体在画面中的位置（图 1-4）。

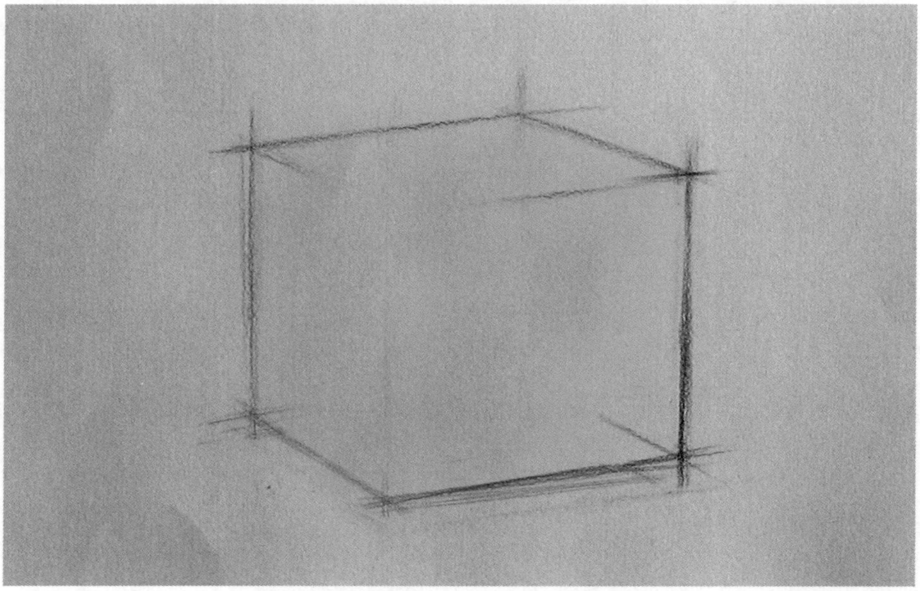

图 1-4　正方体绘画步骤一

步骤二：画出正方体的结构线，注意透视的变化（图 1-5）。

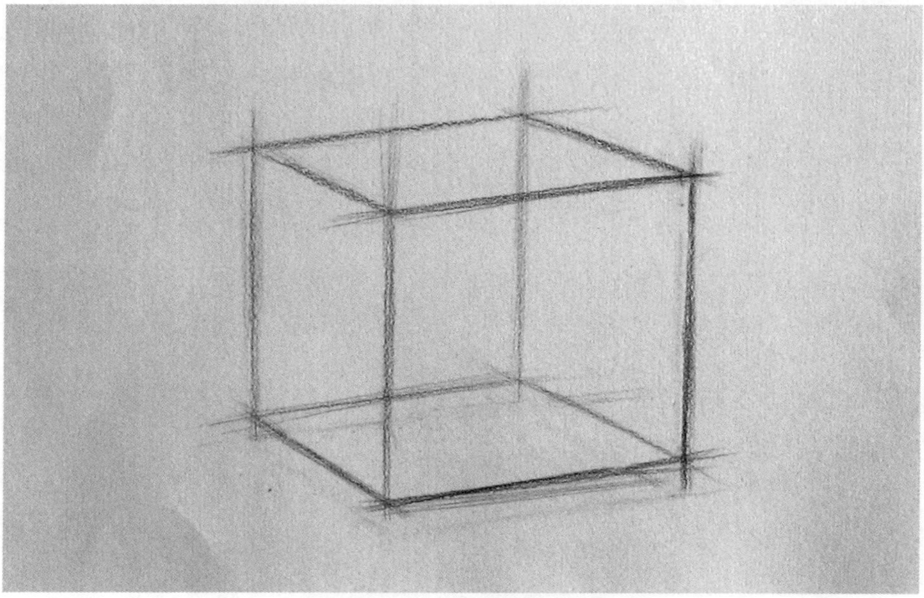

图 1-5　正方体绘画步骤二

步骤三：根据结构线的前后关系，将线条不同程度地加重，使正方体结构明确，并产生空间感（图 1-6）。

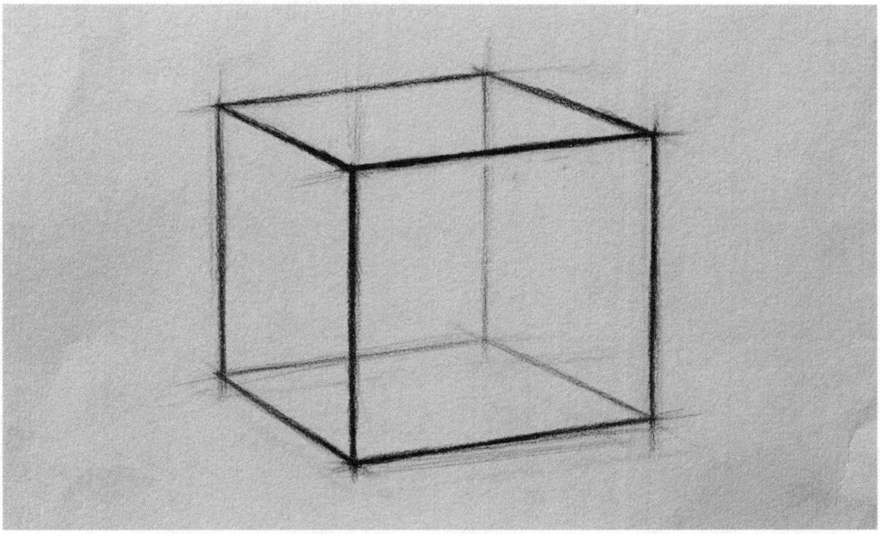

图 1-6　正方体绘画步骤三

2. 组合几何形体（图 1-7）的绘画步骤

图 1-7　组合几何形体

步骤一：先确定构图，然后画出各个几何形体的基本轮廓和位置关系（图 1-8）。

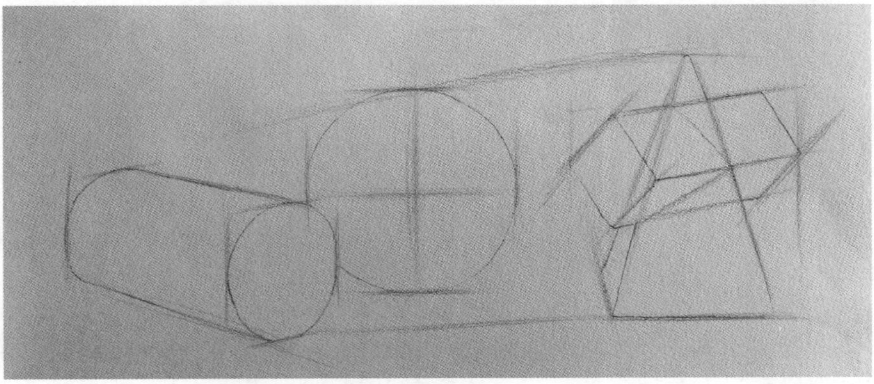

图 1-8　组合几何形体绘画步骤一

步骤二：明确结构，并进一步画出细节（图 1-9）。

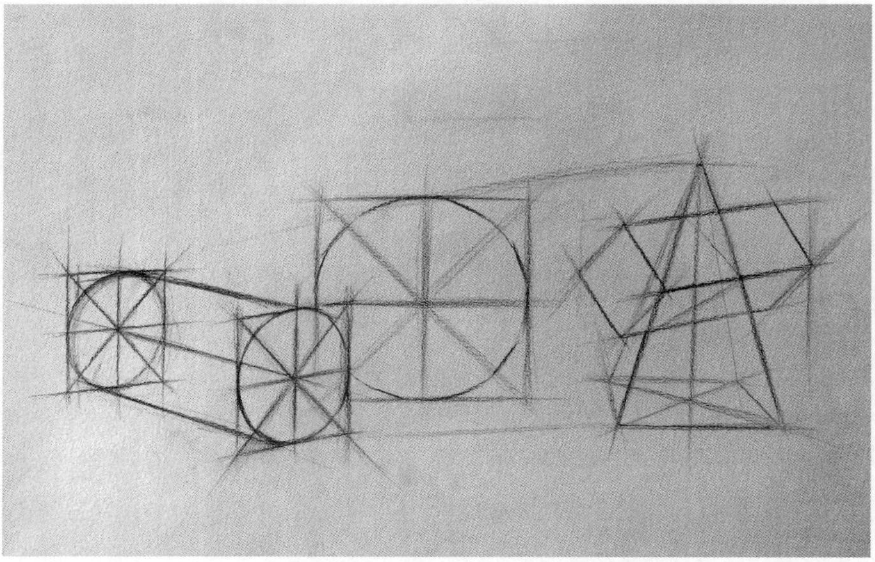

图 1-9　组合几何形体绘画步骤二

步骤三：将线条适度加重，明确结构关系及空间关系（图 1-10）。

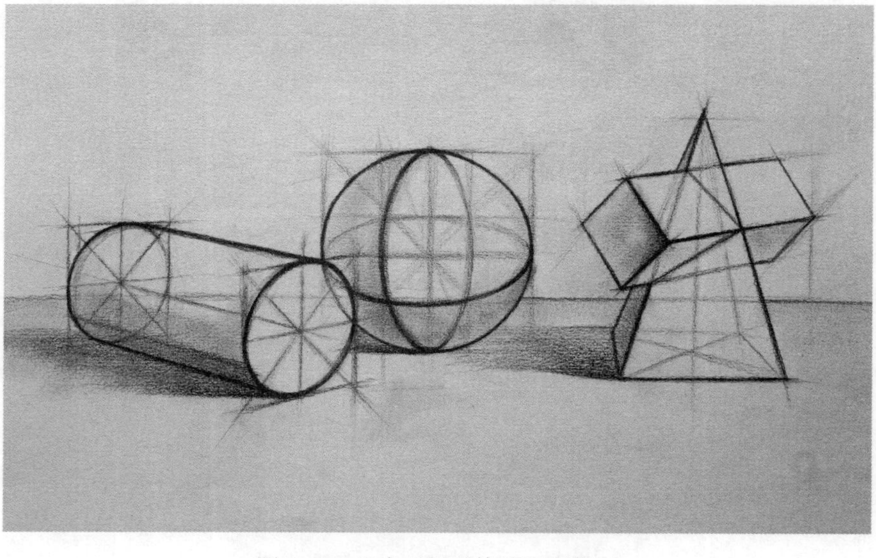

图 1-10　组合几何形体绘画步骤三

【知识链接】

素描一般是指用铅笔、木炭笔、木炭条、炭精条等较为单纯的工具或单一的色彩在画纸上所进行的绘画。这里的素描一般指用于为手绘图绘制而创作的草图，它是通过形体结构、比例、位置、运动、线条、明暗调子等造型因素来体现的。

一、学习素描需要准备的工具和材料

（1）笔：对于初学素描的人建议选用铅笔，因为铅笔的笔芯有软硬深浅之分，而且铅笔的笔芯能削得很尖，便于深入细致的刻画。更为重要的是，它易于修改。画素描的铅笔可选用 HB ~ 6B 之间（图 1-11）。 4B~6B 常常用来表现画面的暗部和画面中最暗的地方；B~3B 一般用来画灰调子，即中间过渡的部分； HB 用于亮部的表现。不过也有人画素描就用一支 2B 铅笔，通过施力的大小变化来改变深浅。

（2）橡皮：橡皮是用来修改铅笔绘画的辅助工具，一般常用的有普通橡皮和可塑性橡皮两种。橡皮使用得当能擦出一些特殊的效果，它可以成为铅笔表现对象的补充工具，购买时应尽量选择厚且柔软的橡皮（图 1-12）。

图 1-11　铅笔

图 1-12　橡皮

（3）画板和画夹：画板和画夹都有不同的型号，大小根据画幅而定，初学者选用 4 开画板为宜，画板比较坚固耐用；画夹则方便携带，是外出写生的好帮手。

（4）画纸：画纸宜选用纸面不太光滑且质地坚实的素描纸为最佳（如果画纸的质地较松软，则表面光滑不易上铅，初学者不容易掌握），素描纸的附铅性强，且质地坚实，可反复擦改且不易损坏纸面。选用素描纸时，要注意纸质坚实、平整、耐磨、纹理细腻、不毛不皱、易于修改，如素描纸、铅画纸。太粗、太薄、太光滑的纸都不适合铅笔画素描。初学者使用的画纸大小以 4 开为宜。

（5）刀：可以选择美工刀，初学者在削铅笔时注意不要将铅笔削得太尖。

二、素描训练的作画姿势

正确的写生姿势有助于整体观察和表现方法的运用。画板的摆放应与视线垂直，在绘画时身体应与画板相距一臂左右的距离，这样在画的过程中，始终能照顾到全局，避免由于视角的原因造成透视错误。正确的写生姿势有两种，可以将画板放在画架上（图 1-13），画架一般放置在绘画者的右前方。若没有画架，画板放在大腿上也可以（图 1-14）。当画板位置确定后，在画的过程中就不要再移动，避免因角度的变化影响画面的透视效果。良好的作画习惯有助于绘画表现技能的提高。

图 1-13　立姿

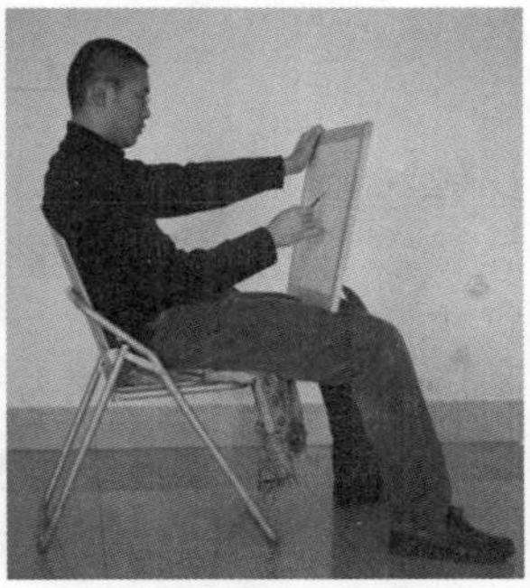

图 1-14　坐姿

三、素描训练的握笔方法

绘画的握笔方法和平时写字的握笔方法是有所区别的。通常的握笔方法是拇指、食指和中指捏住铅笔，握笔的手要内空而松，用手臂的移动来画出大而长的线条；小指作支点支撑在画板上（或悬空），靠手腕的移动来画出短的线条（图 1-15）。只在细部刻画时才会采用平时写字的握笔方法，但依然是靠小指的支点来移动手腕完成。前面的表现方法手腕动起来的范围会很大，以利于最大限度地调动指、腕、肘、肩的活动范围，便于进行大块面积的绘画。后面的方法便于描绘细微的地方。

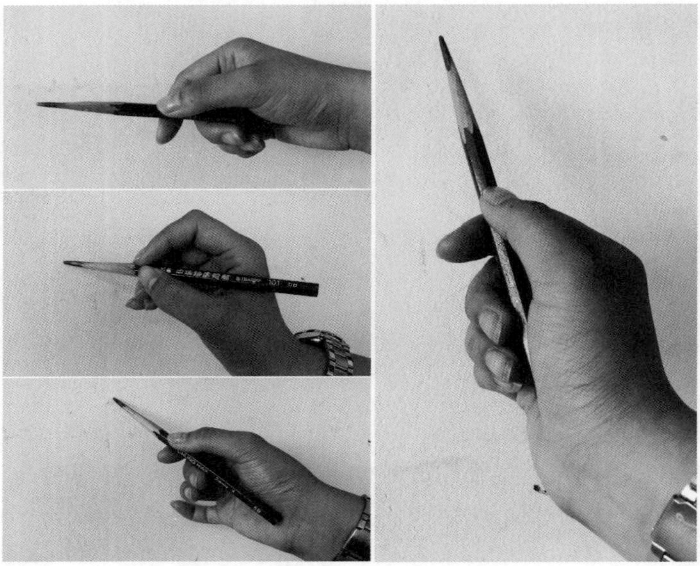

图 1-15　握笔方法

掌握轻松自如的握笔方法，才能保证画素描时运笔流畅，速度平稳，轻重自如，这是画好素描的关键。

四、素描训练的透视和比例

1. 透视

透视学在绘画中占很大的比重，它的核心原理为近大远小、近实远虚。透视学作为一门学科出现于文艺复兴时期，由于有了透视的原理，绘画的三维造型进入了新的时期。此后绘画呈现了逼真的立体效果，画面开始有了纵深的空间感。学习绘画必须学习透视，透视原理能帮助我们正确地画出自然界的一切风景和物象，因为透视能帮助我们科学地分析自然界和图画上的一切物象，并能把物象所具有的不同大小、长短、宽窄、远近、立体等情况真实地再现在画中。在素描绘画中，透视原理的运用是通过目测和感觉来完成的，不像制图那样是“求”出来的。绘画虽然尊重客观事实，但并不追求百分之百的准确。这也说明，艺术是运用科学，却不等同于科学。

素描绘画训练时，强调要有固定的视点，即人与物象的位置是固定不变的，这点尤为重要。写生训练时人与物体的距离与角度不同，物象大小各异，不理解透视的原理就不容易把物象表现准确。通常我们用到的焦点透视主要根据近大远小、近高远低、近粗远细、近宽远窄等原理。空气透视根据近处艳丽远处灰暗、近处清晰远处模糊，即近实远虚。焦点透视分为平行透视（一点透视）、成角透视（两点透视）、倾斜透视（三点透视）。

平行透视（一点透视）通常看到物体的正面，而且这个面和我们的视角平行。由于透视视角上的变形，产生了近大远小的感觉，透视线和消失点就应运而生。平行透视只有一个消失点，因为近大远小的感觉，所以产生了纵深感（图 1-16、图 1-17）。

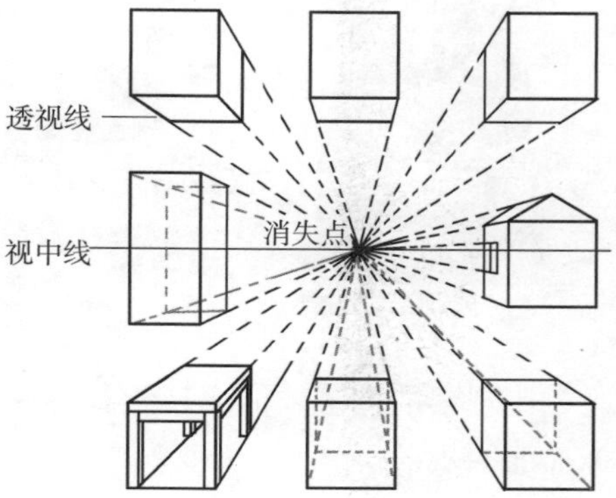

图 1-16　一点透视（1）

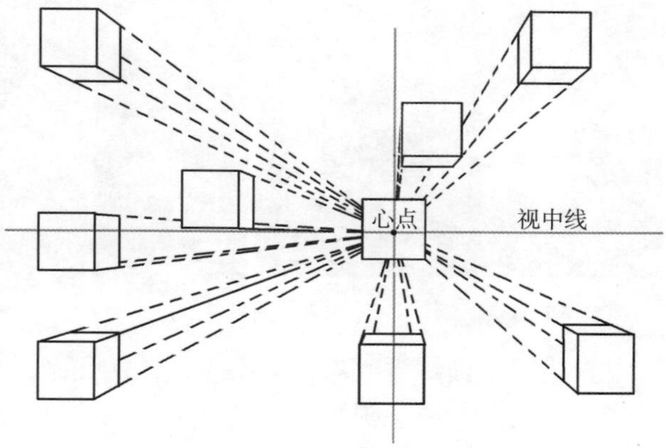

图 1-17　一点透视（2）

成角透视（两点透视）就是把立方体画到画面上，当立方体的四个面相对于画面倾斜成一定角度时，平行的直线就产生了两个消失点（图 1-18）。

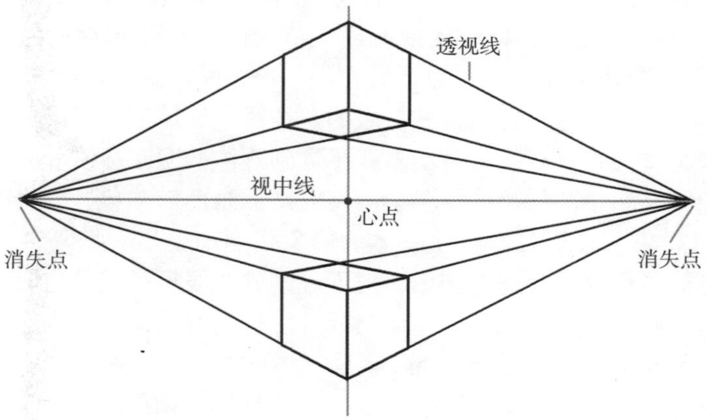

图 1-18　两点透视

素描写生训练中，那些因透视而产生的形的压缩现象，是我们需要关注的，并且要正确地表现出来。画面要保持被画物体的真实形态，在绘画训练过程中就需要随时检查画面，如果透视不准确，被画物体就会变形失真。

2. 比例

比例在素描训练中是一个非常重要的环节。形的准确固然是一个好的基础，只有准确的比例才能帮助我们正确画出所要表达的对象。物体的比例，包括透视中的长宽、高低、进深以及相互之间的距离感。当我们画一个物体时，可以先用铅笔量出它的宽度，然后用宽度来比它的高度，看看宽度占高度的几分之几，知道了宽度与高度的比例，我们就能画出相对准确的物体。

测量比例的方法是闭起左眼，将右手臂伸直，用铅笔量出物体的高度在铅笔上的位置，宽度的测量同高度一样（图 1-19、图 1-20）。

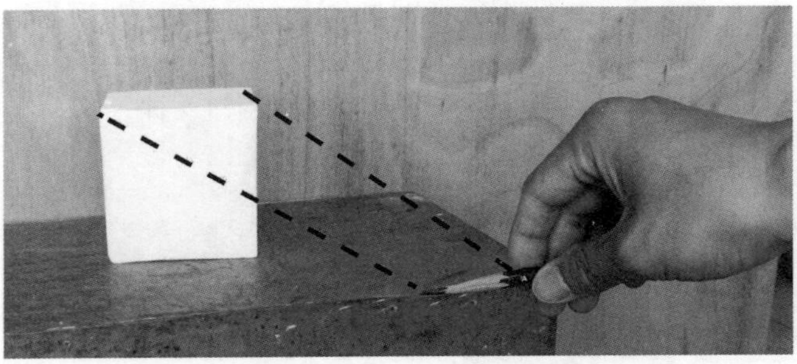

图 1-19　测量宽度比例

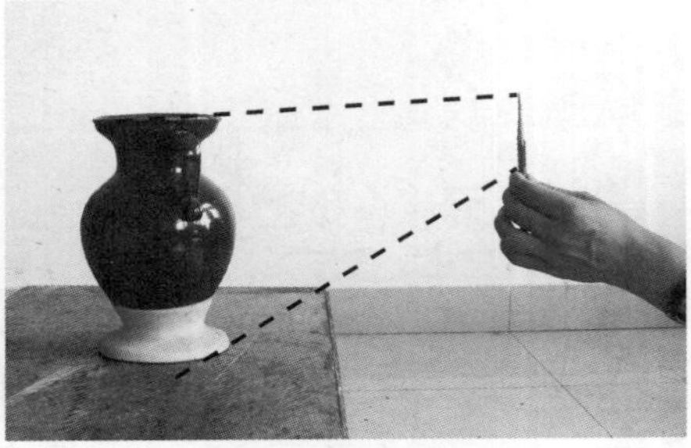

图 1-20　测量高度比例

素描写生训练主要靠目测来表达比例关系，只有依赖对比观察的方法才能实现绘画表现准确这一目的，要想提高这一视觉能力只有靠持久的训练才能实现。

五、素描训练的观察方法

素描训练就是要培养学生摆脱普通人生理习惯的观看方式，转而看到物体的形态轮廓、透视、比例、色调、光影、肌理及物体的点、线、面的形式组合等。

正确的观察方法与表现方法就是整体地看与整体地画。运用整体对比的观察方法才是素描训练正确的观察方式。整体观察对象的过程必须是“由整体到局部，再从局部回到整体”。整体地观察与照相机拍照相似，在取景框所摄取范围内的物体和它们的空间距离、前后深度、透视变化、明暗层次都得服从一个焦点，它们是一个整体。绘画初学者容易着眼于局部，孤立地观察物体，这种习惯是需要纠正和克服的。在写生训练的过程中只有通过对比才能感觉到一个物体的长宽差距，只有通过对比才能感觉到物体的明暗区别和整体与局部之间的有机联系。观察的原则是要学会看整体，要学会将复杂的东西简单化，学会概括地看，根据对物象的观察感受与想象，去繁就简，使物体的形象强烈地突出，把复杂变化的物象概括成三角形、四边形等简单且容易表达的图形，把不规则的曲线概括成几根直线或连接的直线。任何物体都是不可分割的整体，物象的整体与局部、局部与整体都有内在的联系。我们需要多方面的比较，如整体与局部、局部与局部，要反复多次地比较，提高观察形体比例的准确度。

结构是物象的本质，它反映了物象内部构造的规律，物象外貌可变，而结构不可变。就像一个苹果，无论苹果的表面是否有坑或斑点，也不能改变它与球体之间的结构关系。只有掌握结构，才能准确地表现出物象的具体形。

几何形体是零基础学生的必修课，因为几何形体在结构上是单纯的，也是一切复杂形体最基本的组成和表现形式。通过对石膏几何形体的绘画表达训练，不但能让初学者掌握最基本的形体素描表现方法，而且能循序渐进地掌握物象的本质结构以及画面中几何形体本身透视的变化。几何形体一般采用石膏作为材料，在质地上也比较单纯，并且结构素描训练暂时不用考虑固有色对形体的干扰，有利于初学者集中精力了解结构，掌握结构素描的基本规则。

线条是结构素描中最主要的表现方式，无论是塑造形体或是表现体积和空间，都具有表现力和概括力。因此在练习的最初阶段，要进行线条表现能力的训练，需要通过大量的线条训练，来提高运用线条的熟练程度，从而提升线条的表现力。

六、构图

将若干物体合理而有秩序地安置于画面的空间结构之中，构成一个协调完整的画面，称为构图。画面整体框架的形式、物体画多大、画在什么位置、画面的平衡与节奏关系等都属于构图的内容。静物写生构图首先要根据被画对象整体框架定出画面上、下、左、右物体边缘的位置，找到画面四个边缘点，这四个边缘点构成了构图的基本框架。画面有了基本框架，就可以确定每个物体的位置与比例了，所有物体的位置必须在框架线以内，画面左右两端即物体以外的空间大小差不多，上端的空间要小，下端的空间要大一些，一般上、下空间的比例要小于 1∶2（图 1-21），然后根据观察比较定出每个物体的具体位置。

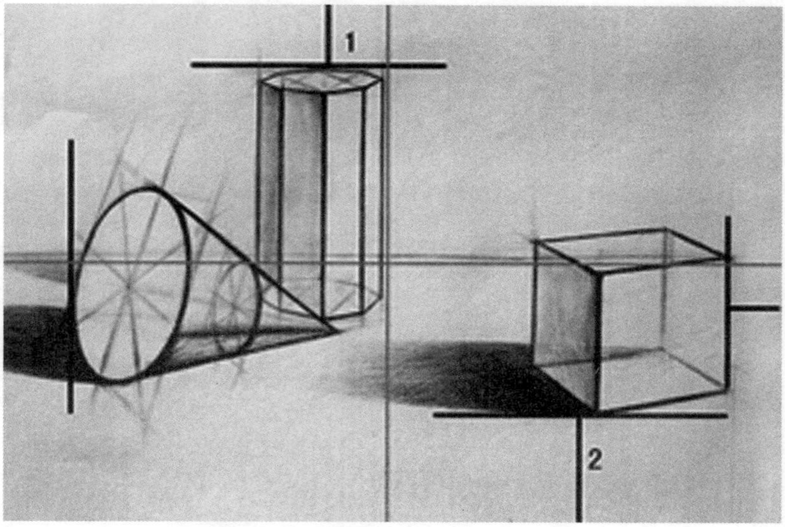

图 1-21　构图

1. 构图的基本原则

（1）均衡与重心平稳。均衡与重心平稳是构图的基本原则，主要作用是使画面平衡，具有稳定性。稳定感是人们的一种视觉习惯和审美观念，也是一切视觉艺术的基本法则，只有重心稳定，画面才能平衡。构图均衡并不意味着绝对平均，过度平均会产生呆板、简单的感觉。构图均衡是指画面中所有物体的平面布局形成“量感”上的平衡，这里的“量感”包含重量、数量、体量、面积等因素所传达出的大小、多少的感觉。平衡稳定的画面“量感”上必然是匀称的。

（2）对比与节奏。一个完美的构图在保证均衡与重心平稳的前提下，必须有对比和变化，才能使画面产生节奏感。对比与变化主要包含多少、大小、疏密、轻重等因素，这些因素的对比与变化，让画面变得活泼而富有韵律。

2. 构图的基本形式

静物构图最常用的形式是三角形构图，一组静物的整体框架用直线连接起来形成三角形，就是三角形构图（图 1-22）。三角形构图具有稳定感，上紧下松，对比分明，朴实无华。另外一种比较常用的构图是“S”形构图，顾名思义，就是静物整体脉络走势呈“S”形，其特点是稳定的同时富有动感，画面活跃，节奏感强（图 1-23）。

图 1-22　三角形构图

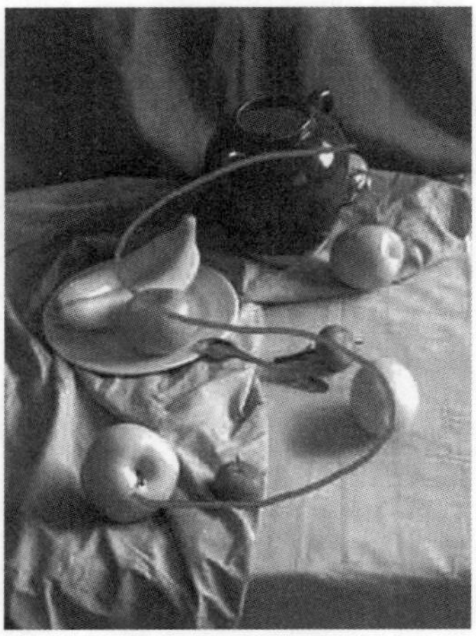

图 1-23　“S”形构图

3. 构图中常见的错误

静物写生构图需要将实际摆放静物的构图再现于画面上，教师在摆放静物时已经按照构图的原则对静物进行了有序的布置。一般情况下，写生时按照客观构图结构表现即可，但是因为绘画者与静物之间角度的不同，构图会有不同程度的差异，在有些角度上完全选取客观构图是不理想的，物体间的排列会缺乏合理性，因此绘画者需要根据构图的基本原则主观地调整画面构图，适当地改变物体位置，使之分布更为合理。这就需要绘画者能很好地掌握构图的方法和原则，做到能灵活自如地建立画面构图。初学者避免不了在构图上会出现一些问题，常见错误如图 1-24 所示。

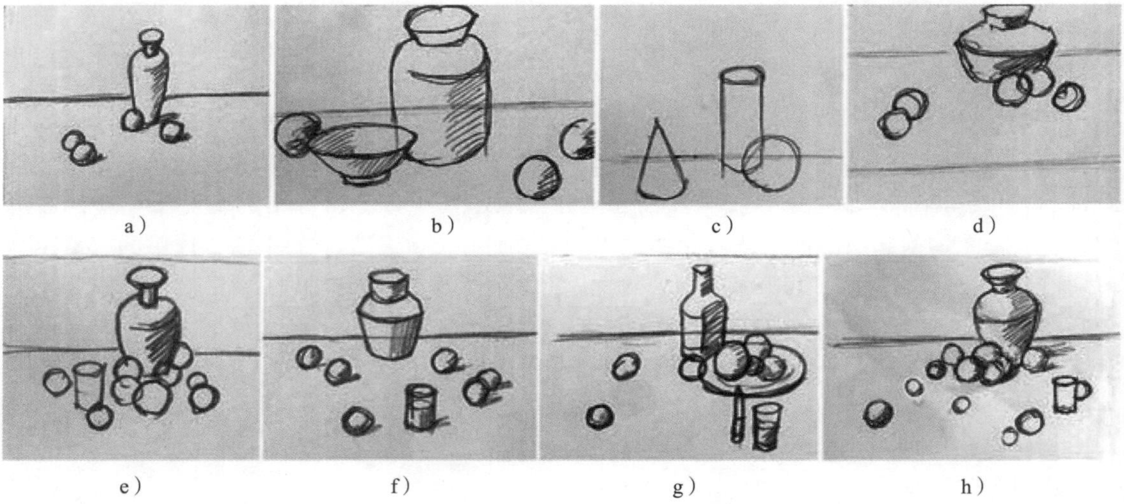

图 1-24　构图中常见错误

a）构图太小　b）构图太满　c）构图偏下　d）构图偏上　e）布局过紧　f）布局太散　g）重心偏右　h）直线排列

【学习评价】

序号	考核项目	评分依据	评分范围	分值
1	构图	图面和谐优美，构图严谨	不符合扣分	20
2	透视	透视准确	不准确扣分	20
3	线条	线条流畅、娴熟，有专业特点	不符合扣分	20
4	图面	图面整洁、精细，并完成全部任务	不符合扣分	10
5	表达	表达正确、规范，符合制图要求	不符合扣分	20
6	学习态度	积极主动学习	学习态度表现	10
			合计	100

【课外临摹作业】

准备4开素描纸，进行临摹练习。在教学过程中将定期检查直至学期末，成绩为本课程成绩的一部分。

临摹作业1：长方体（图1-25）

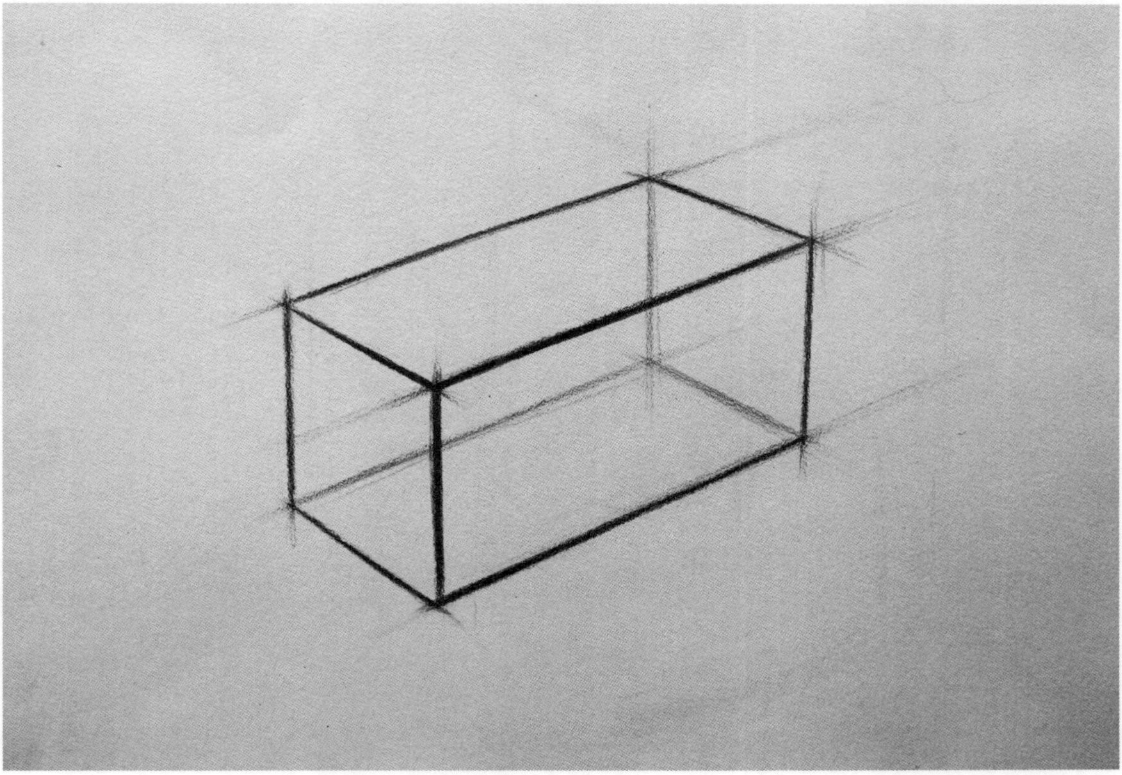

图1-25　临摹作业1

临摹作业 2：球体（图 1-26）

图 1-26　临摹作业 2

临摹作业 3：圆柱体（图 1-27）

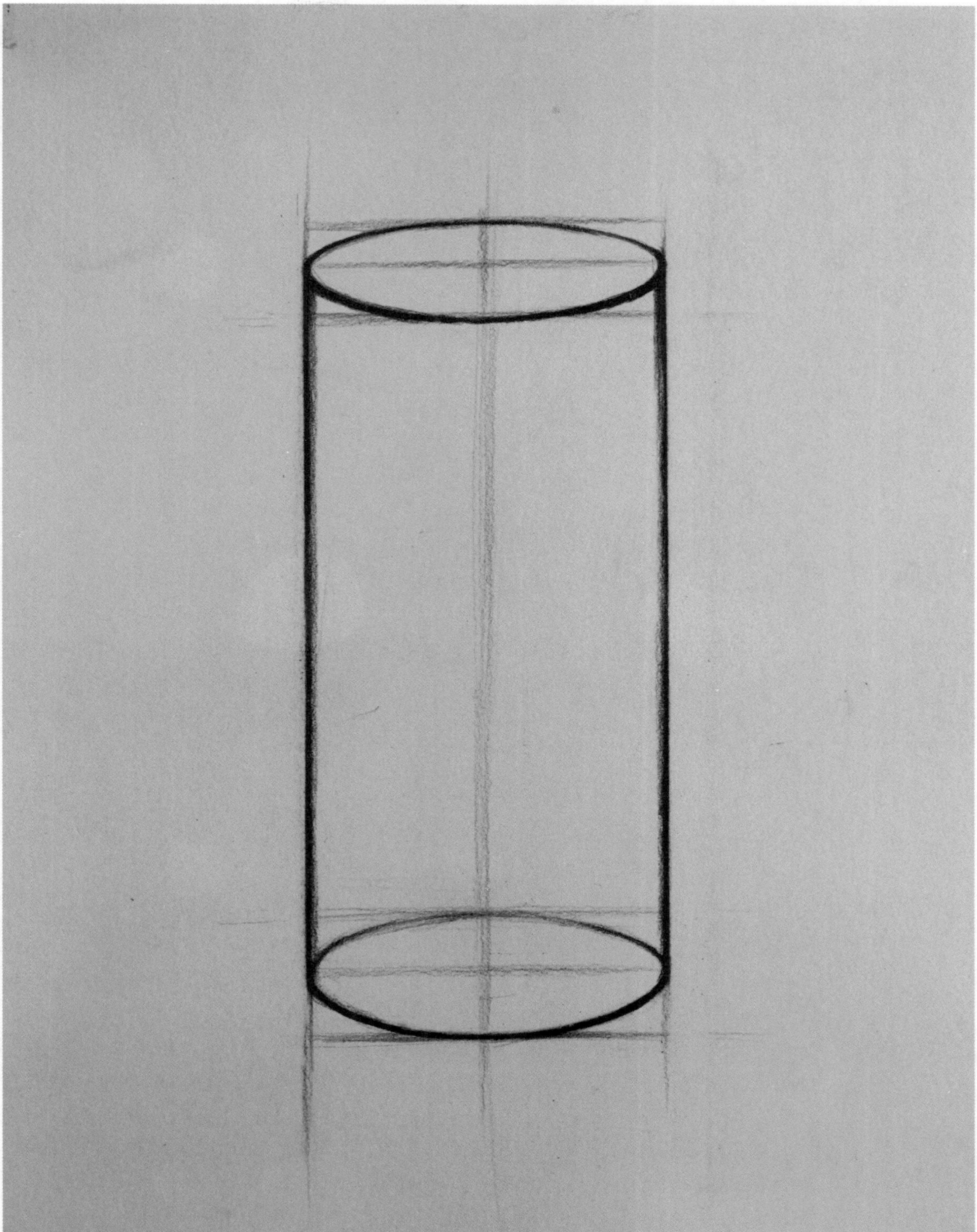

图 1-27　临摹作业 3

临摹作业 4：穿棱锥（图 1-28）

图 1-28　临摹作业 4

临摹作业 5：几何形体组合练习 1（图 1-29）

图 1-29　临摹作业 5

临摹作业 6：几何形体组合练习 2（图 1-30）

图 1-30　临摹作业 6

临摹作业7：几何形体组合练习3（图1-31）

图1-31　临摹作业7

临摹作业 8：几何形体组合练习 4（图 1-32）

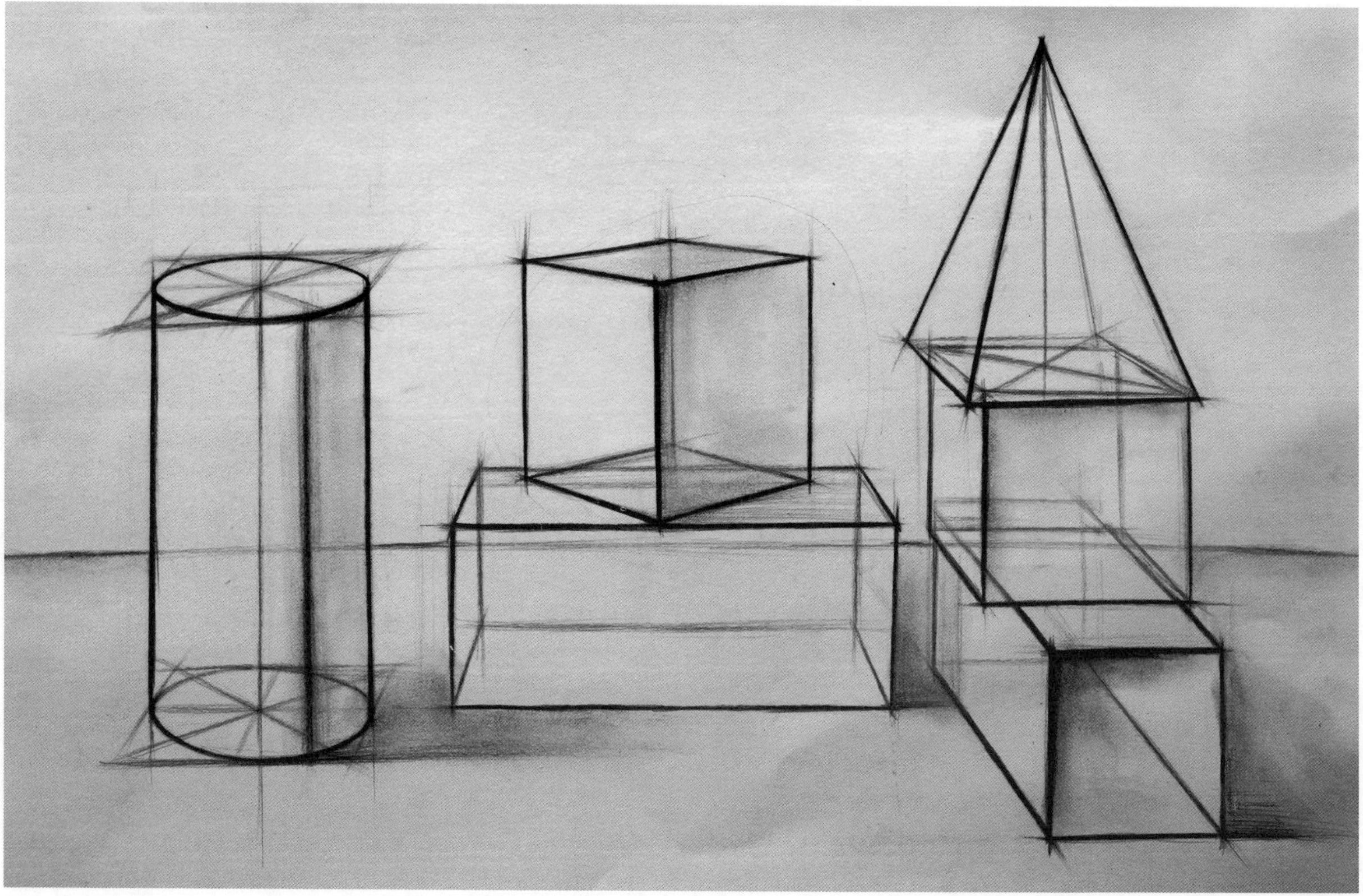

图 1-32　临摹作业 8

任务二　静物结构素描训练

【任务分析】

静物结构素描训练致力于培养学生对于自然形体的认知及对其结构的分析，通过对静物结构的分析来深入地理解空间。静物结构素描训练要求学生努力排除明暗、材质等非结构因素的影响，表现出绘画者看不见但真实存在的符合透视规律的内在结构，并且要充分考虑静物局部与整体的关系。直接用虚、实不同的线，将静物的轮廓、比例、结构转折等本质性因素描绘出来。培养学生敏锐的感知能力及理性的推理能力。通过组合静物结构素描的训练，能让学生熟练地运用线条，并用结构素描的形式来表现多个静物形体间的关系及静物本身的结构，训练静物组合的构图能力、静物塑造能力、审美能力以及表现画面整体感觉的能力。

【任务目标】

掌握静物结构素描的基本表达方法，进一步深入理解透视的概念，用线的虚实、明暗表现静物的结构转折及空间关系。

【任务描述】

一、任务内容要求

（1）单个静物结构素描练习。

（2）组合静物结构素描练习。

二、任务标准

（1）构图完整，图面和谐。

（2）线条松弛，有张力，结构合理，透视准确。

（3）图面整洁，形体准确。

三、工具

4 开素描纸、铅笔、橡皮、画板。

【实例展示】

1. 苹果（图 1-33）的绘画步骤

图 1-33　苹果

步骤一：用长线条画出苹果的大概轮廓，确定苹果在画面中的位置（图 1-34）。

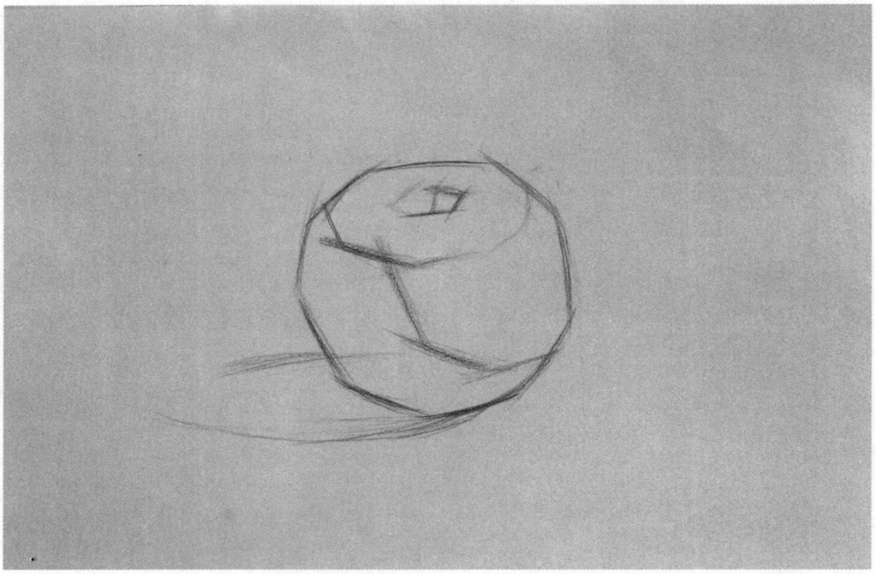

图 1-34　苹果绘画步骤一

步骤二：将苹果的主要结构表现出来，注意概括，用简练的线条表现形体主要转折（图 1-35）。

图 1-35　苹果绘画步骤二

步骤三：强化主要转折的同时将其他结构表现出来，根据结构关系将线条不同程度地加重，产生空间感（图 1-36）。

图 1-36　苹果绘画步骤三

2. 罐子（图 1-37）的绘画步骤

图 1-37　罐子

步骤一：用线条画出罐子的大概轮廓和相应的辅助线条，确定罐子在画面中的位置（图 1-38）。

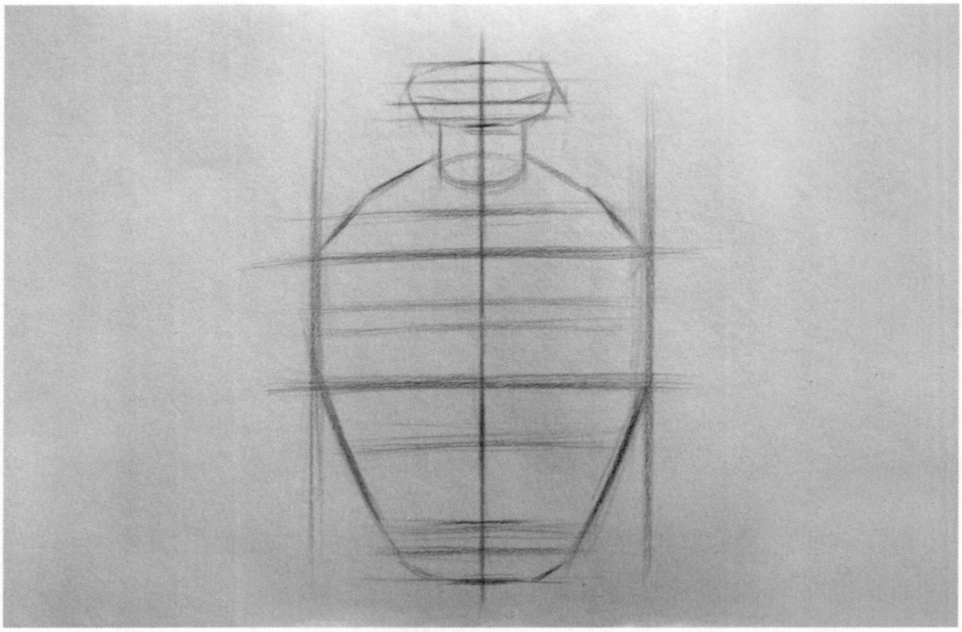

图 1-38　罐子绘画步骤一

步骤二：将罐子的主要结构表现出来，注意透视关系和形体主要转折（图 1-39）。

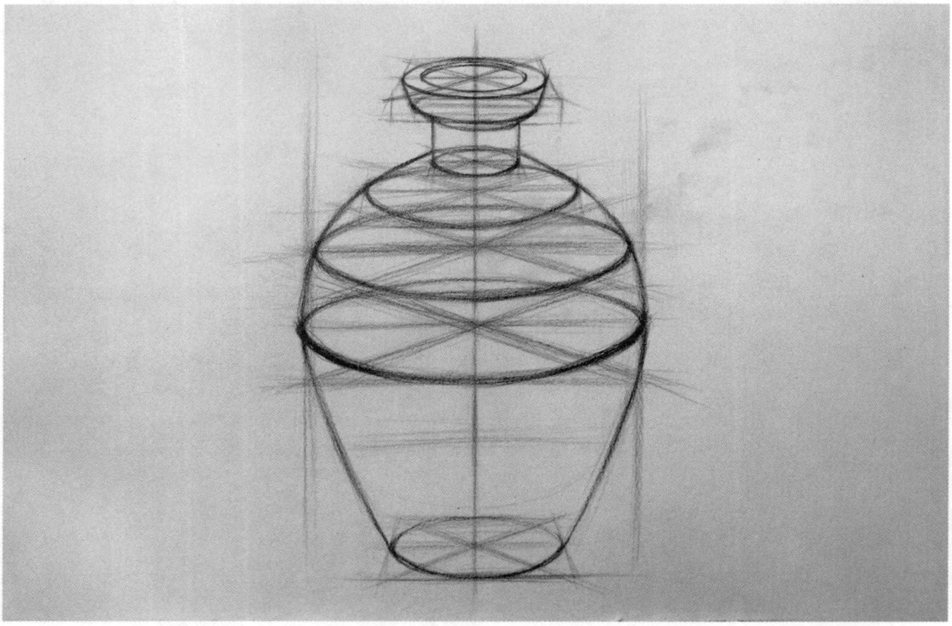

图 1-39　罐子绘画步骤二

步骤三：根据结构关系将线条不同程度地加重，使罐子产生空间感和体积感（图 1-40）。

图 1-40　罐子绘画步骤三

3. 静物组合（图 1-41）的绘画步骤

图 1-41　静物组合

步骤一：用简练线条确定构图，然后画出每个物体的轮廓及位置关系（图 1-42）。

图 1-42　静物组合绘画步骤一

步骤二：将每个物体的主要结构表现出来，增加细节的同时明确静物的前后关系（图 1-43）。

图 1-43　静物组合绘画步骤二

步骤三：强化线条表现，加强空间感和体积感（图 1-44）。

图 1-44　静物组合绘画步骤三

【知识链接】

静物结构素描的表现方法与几何形体结构素描的表现方法基本相同，它们在形体的理解和剖析上都是比较理性的，尽可能忽视外在非结构的因素，以虚实和明暗的线条为主要的表现手段。静物的结构相对于几何形体的结构更为复杂，分析和表现形体时要把客观的静物想象成透明体，把静物自身的前后和内外的结构用线的虚实表达出来，这其实就是在训练学生三维空间的想象能力和表现能力。

一、圆形的透视

依据正方体的透视规律，圆形也可以分为平行透视和成角透视。我们在正方体的每个正方形面上各建立一个正圆形，然后观察每个面上的圆形透视变化（图 1-45）。我们可以看到圆形发生透视后，呈现的是各种椭圆形，每个椭圆形距离我们近的半圆略大一些，距离远的半圆要略小一些，弧线平滑而均匀。这些透视上产生的变化都是根据“近大远小”的规律发生的。

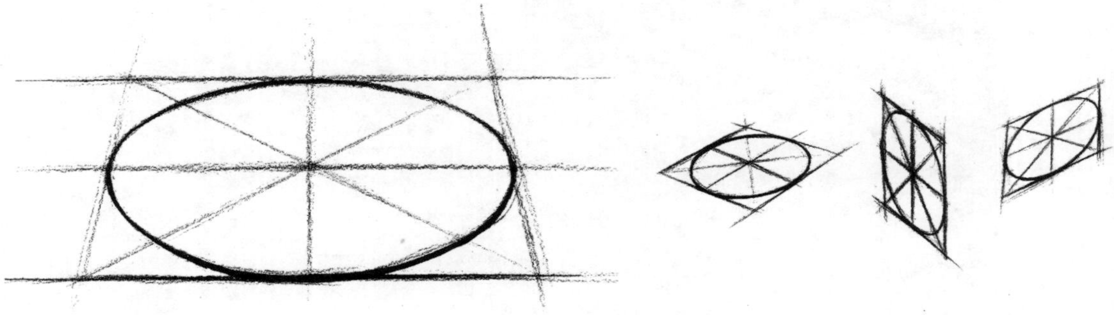

图 1-45　圆形的透视（1）

在正方形中建立正圆形时，要先画出几条必要的辅助线和参考线，即画出正方形水平与垂直方向的两条中线，得到四条边的中点与心点，再画出两条对角线作为画圆时的坐标参考线（图 1-46）。用标准的弧线连接四个边的中点即可得到一个正圆形，画弧线时要注意弧线与每条对角线交叉点距离心点或正方形的边角交叉点的距离要一致，这样能使圆形画得更准。使正方形处于水平的状态，正方形和其中的圆形均发生相应的透视变化，形成椭圆形。椭圆形的弧线仍然保持平滑和均匀的状态，椭圆形的上半弧略小，下半弧略大。

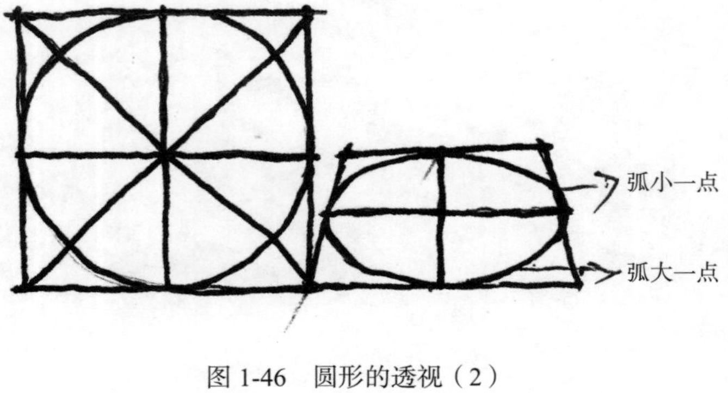

图 1-46　圆形的透视（2）

需要指出的是，绘画中的形体透视表现主要通过观察建立，视觉上准确即可，这样可以锻炼我们的观察力与手眼协调的能力，不要像制图中的专业透视那样经过精确计算而获得。圆形透视离视平线越近，所呈现的椭圆形越扁；离视平线越远，所呈现的椭圆形越接近圆形（图 1-47）。

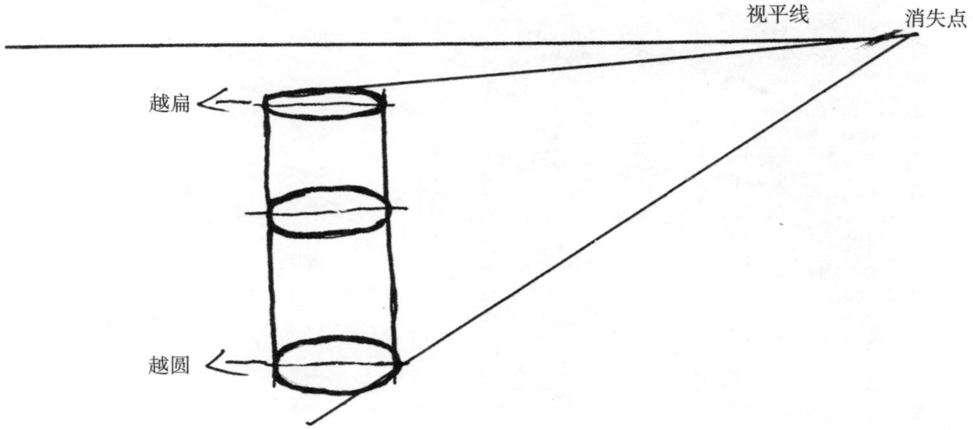

图 1-47　圆形的透视（3）

二、形体结构

形体结构是描绘物体的基本要素，结构好比人的骨骼，没有骨骼就支撑不了肉体，绘画造型脱离结构就无法支撑起形体。我们先看看下面苹果的结构分析图（图 1-48）。

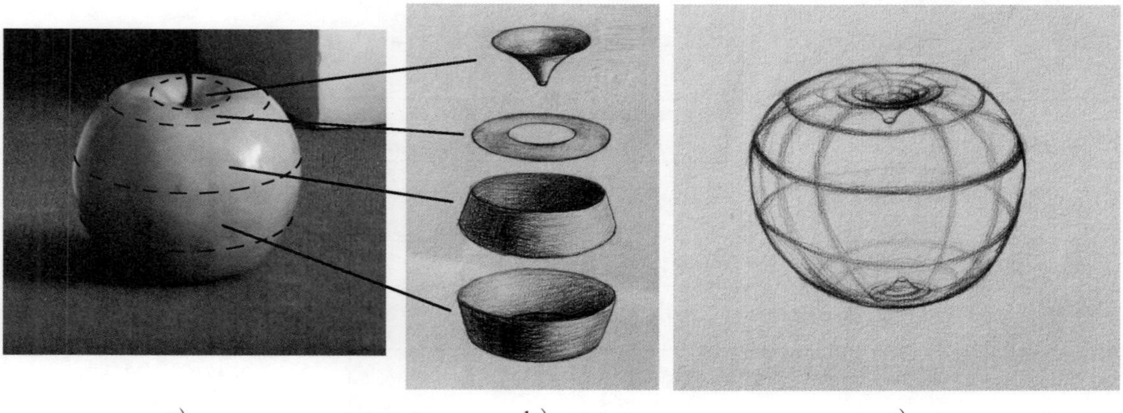

a）　　b）　　c）

图 1-48　苹果结构分析图

图 1-48 中，我们把苹果结构进行了分解，得到了苹果各部“零件”（图 1-48b）。这些“零件”组成了苹果的结构，这样分解之后我们从另一层面认识了苹果的结构，再将各部分结构组合在一起，用结构素描的形式把它表现出来（图 1-48c）。图 1-49 中，我们把罐子结构进行了分解，得到了简化的几何形体，这些“简化的几何形体”就是组成罐子的“零件”，再将几个简化的几何形体组合在一起，用结构素描的形式把它表现出来。

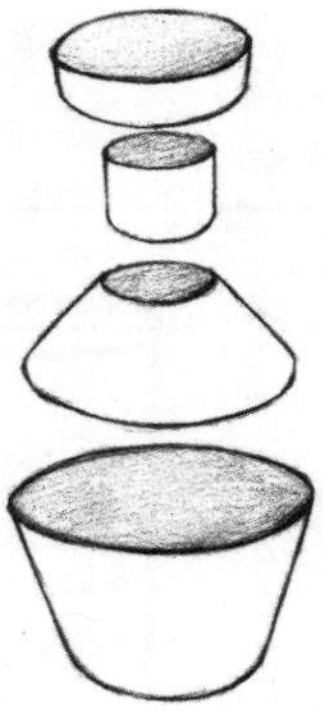

图 1-49　罐子结构分析图

形体结构是指形体占有空间的构成形式。形体以什么样的形式占有空间，形体就具有什么样的结构。形体结构的本质决定着形体的内外特征，是形体存在的依据，是塑造形体的根本。形体结构包括外在的能够看得见的和内部存在不外露的体面（形体解剖结构）。认识形体结构在绘画中是至关重要的，我们必须对物体结构进行全面的分析理解后再进行塑造。

【学习评价】

序号	考核项目	评分依据	评分范围	分值
1	构图	图面和谐优美，构图严谨	不符合扣分	20
2	线条	松弛，虚实、明暗准确	不符合扣分	20
3	透视	透视准确，形体准确	不准确扣分	30
4	图面	图面整洁、精细，并完成全部任务	不符合扣分	10
5	学习态度	积极主动学习	学习态度表现	20
			合计	100

【课外临摹作业】

准备 4 开素描纸，进行临摹练习。在教学过程中将定期检查直至学期末，成绩为本课程成绩的一部分。

临摹作业 1：酒杯（图 1-50）

图 1-50　临摹作业 1

临摹作业 2：梨（图 1-51）

图 1-51　临摹作业 2

临摹作业 3：香蕉（图 1-52）

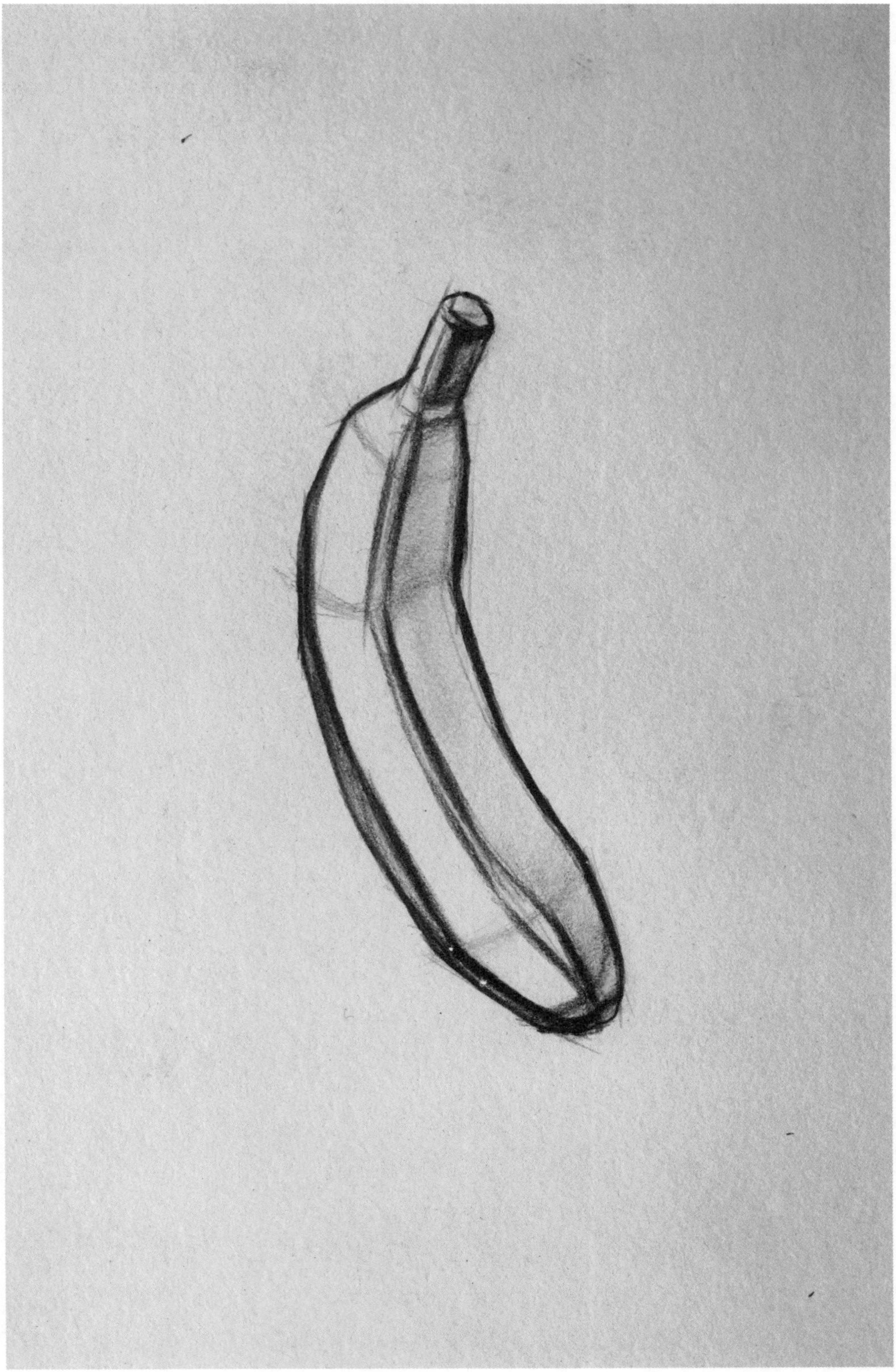

图 1-52　临摹作业 3

临摹作业 4：苹果（图 1-53）

图 1-53　临摹作业 4

临摹作业 5：结构练习（图 1-54）

图 1-54　临摹作业 5

临摹作业 6：组合练习 1（图 1-55）

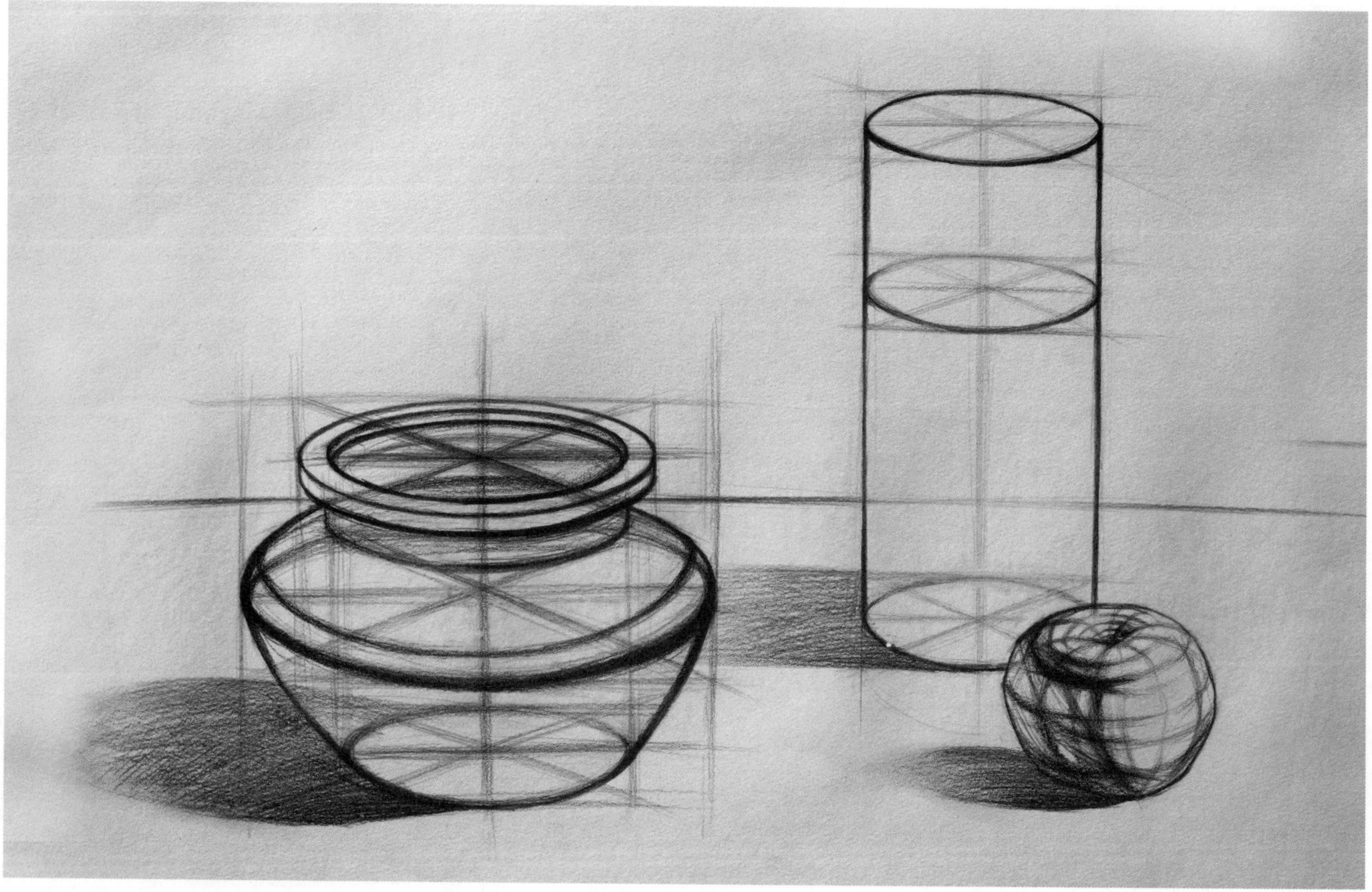

图 1-55　临摹作业 6

临摹作业 7：组合练习 2（图 1-56）

图 1-56　临摹作业 7

临摹作业 8：组合练习 3（图 1-57）

图 1-57　临摹作业 8

临摹作业 9：组合练习 4（图 1-58）

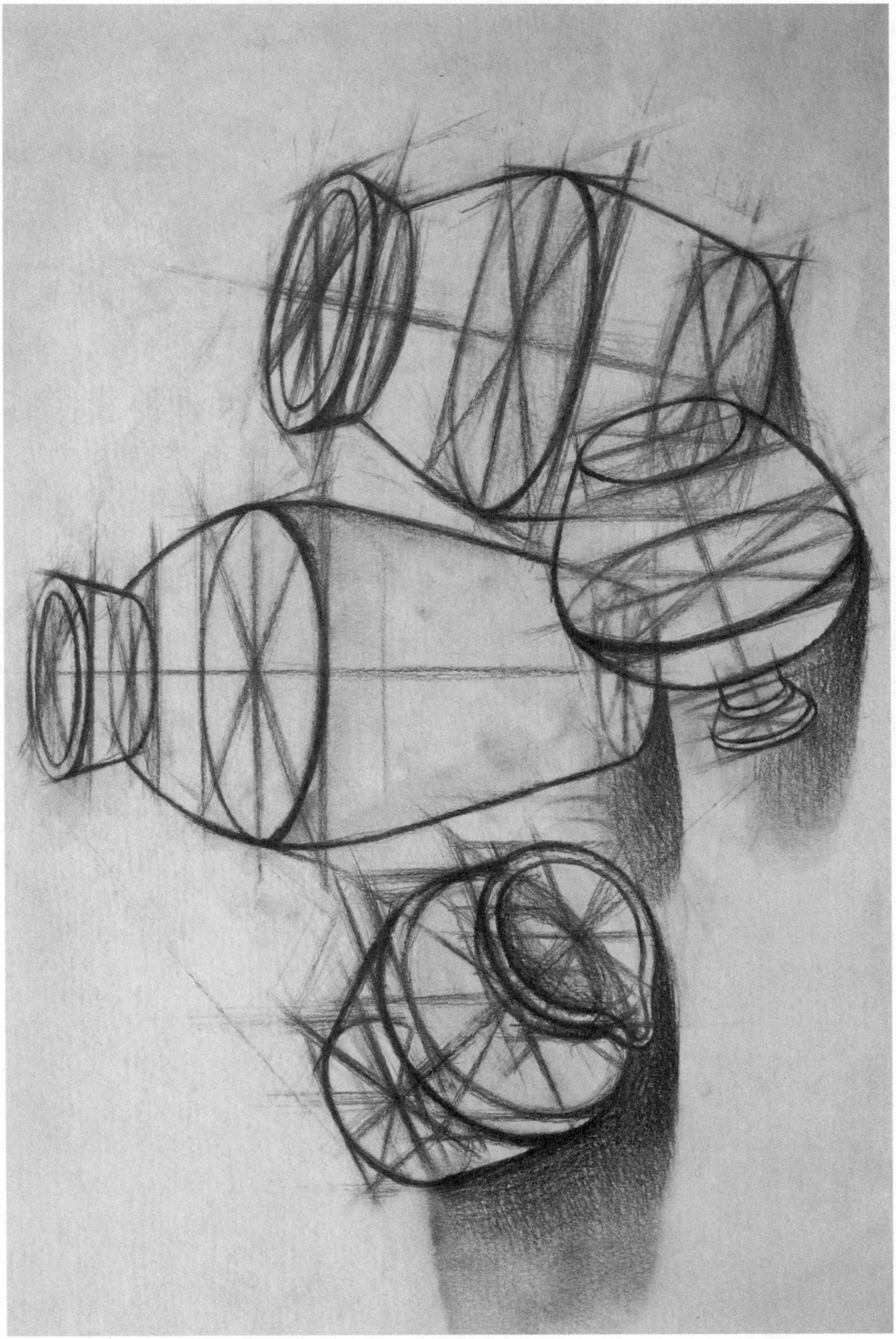

图 1-58　临摹作业 9

临摹作业 10：组合练习 5（图 1-59）

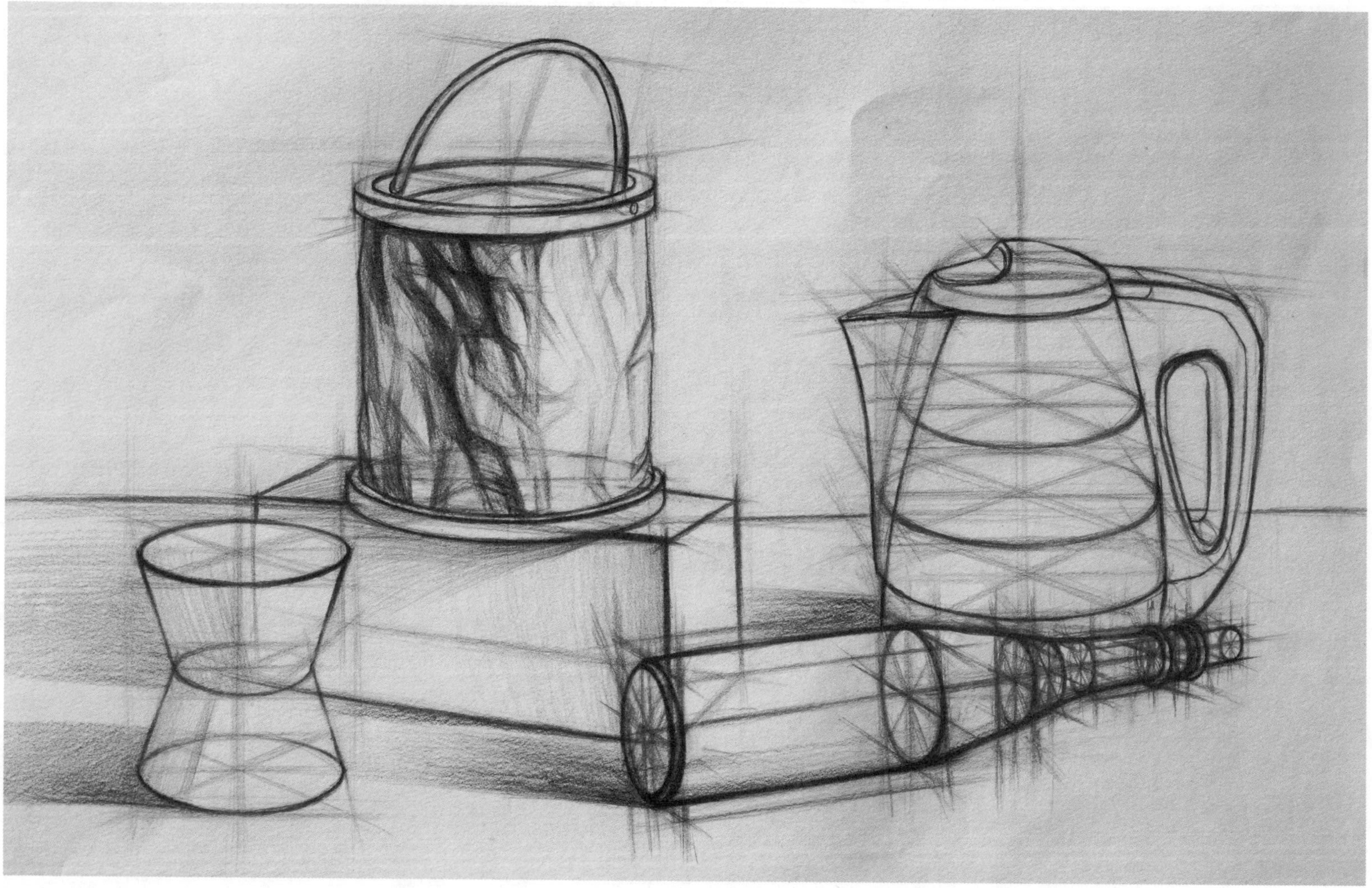

图 1-59　临摹作业 10

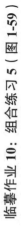

任务三　几何形体全因素素描训练

【任务分析】

几何形体全因素素描训练致力于培养学生掌握最基本的几何形体的结构特点、透视关系、明暗变化规律和基本的造型方法，通过几何形体全因素素描的写生训练使学生考虑到明暗、材质等非结构因素对形体的影响，从而能够表现出几何形体的体积感、空间感，并且能够充分考虑到几何形体的明暗关系。培养学生对明暗的感知能力及理性的推理能力。几何形体全因素素描强调对几何形体明暗关系、肌理、质感及空间等因素的表现，比较接近对象的客观状态，真实感强；与结构素描相比，它更丰富、细腻，更能客观地表现出几何形体的存在状态。通过组合几何形体全因素素描的训练，能使学生熟练地感知明暗关系，并通过全因素素描的形式来表现多个几何形体间的空间关系及几何形体本身的明暗关系，训练学生的塑造能力、审美能力和构图能力。

【任务目标】

掌握几何形体全因素素描的基本表达方法和造型的最基本要素，使学生建立起“三大面”“五大调子”的概念，着重理解几何形体的体积结构关系和空间透视原理。

【任务描述】

一、任务内容要求

（1）单个几何形体全因素素描练习。

（2）组合几何形体全因素素描练习。

二、任务标准

（1）构图得当，比例、透视准确。

（2）明确地表现出“三大面”“五大调子”，并形成黑、白、灰秩序。

三、工具

4 开素描纸、铅笔、橡皮、画板。

【实例展示】

1. 正方体（图 1-60）全因素素描的绘画步骤

图 1-60　正方体

步骤一：用简练的线条画出正方体的轮廓、明暗交界线及主要结构（图 1-61）。

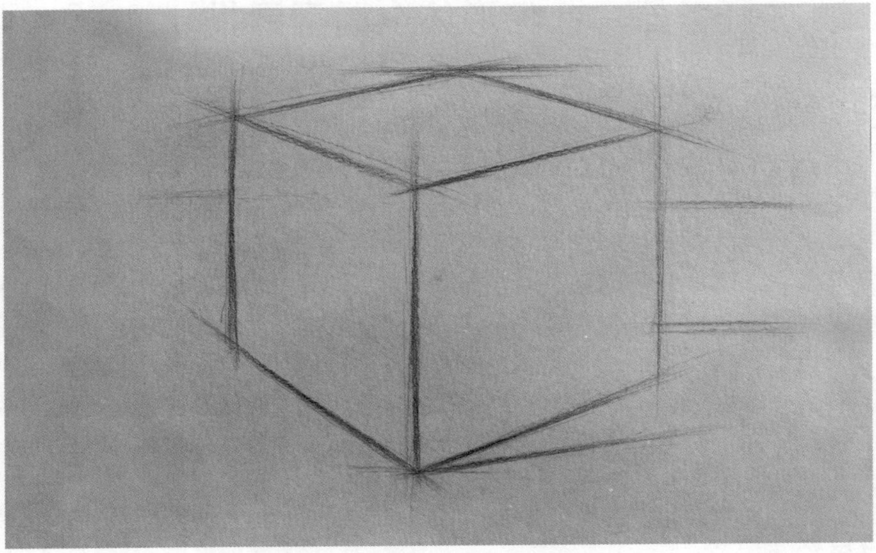

图 1-61　正方体全因素素描绘画步骤一

步骤二：建立整体明暗关系，先画颜色最重的部分，可以从明暗交界线入手，从暗部开始画，逐渐向亮部过渡（图 1-62）。

图 1-62　正方体全因素素描绘画步骤二

步骤三：深入刻画，保持整体关系，加强明暗对比，细致刻画物体的结构细节、质感、空间等因素。对画面不理想的因素进行适当调整，使其达到最佳效果（图 1-63）。

图 1-63　正方体全因素素描绘画步骤三

2. 球体（图 1-64）全因素素描的绘画步骤

图 1-64　球体

步骤一：用简练的线条画出球体的轮廓、明暗交界线及主要结构（图 1-65）。

图 1-65　球体全因素素描绘画步骤一

步骤二：建立整体明暗关系，先画颜色最重的部分，可以从明暗交界线入手，从暗部开始画，逐渐向亮部过渡（图 1-66）。

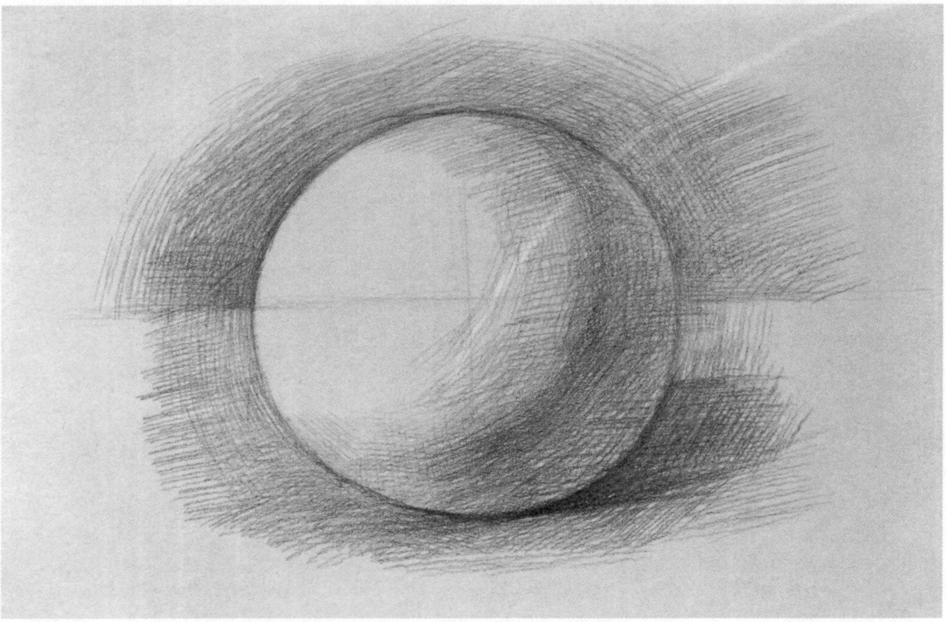

图 1-66　球体全因素素描绘画步骤二

步骤三：深入刻画，保持整体关系，加强明暗对比，细致刻画球体的结构细节、质感、空间等因素。对画面中的不理想因素进行适当调整，使其达到最佳效果（图 1-67）。

图 1-67　球体全因素素描绘画步骤三

3. 组合几何形体 1（图 1-68）全因素素描的绘画步骤

图 1-68　组合几何形体 1

步骤一：用简练的线条画出组合几何形体的轮廓、明暗交界线及主要结构（图 1-69）。

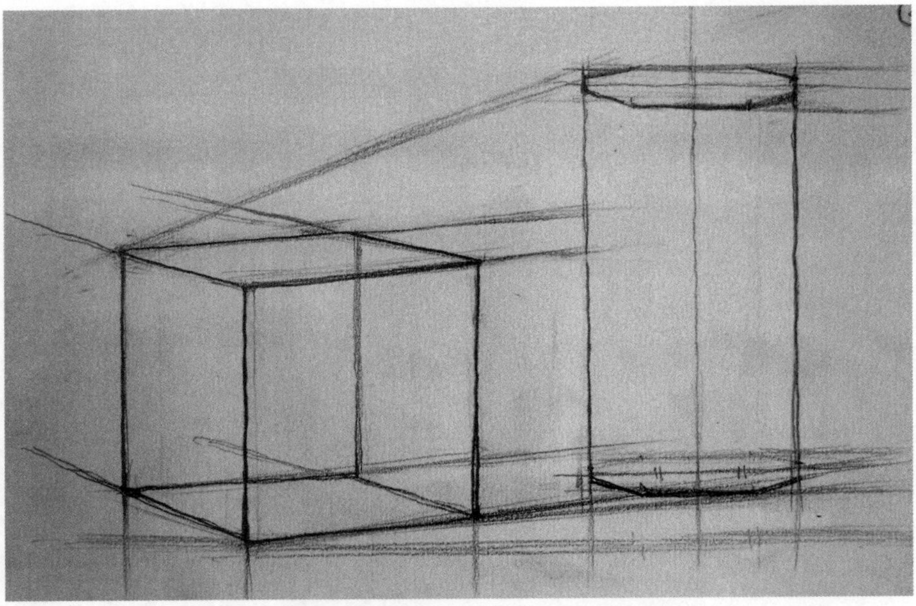

图 1-69　组合几何形体 1 全因素素描绘画步骤一

步骤二：建立整体明暗关系，先画颜色最重的部分，按照几何形体由暗到亮的明暗顺序依次来画，这样有助于整体关系的把握；可以从明暗交界线入手，从暗部开始画，逐渐向亮部过渡（图 1-70）。

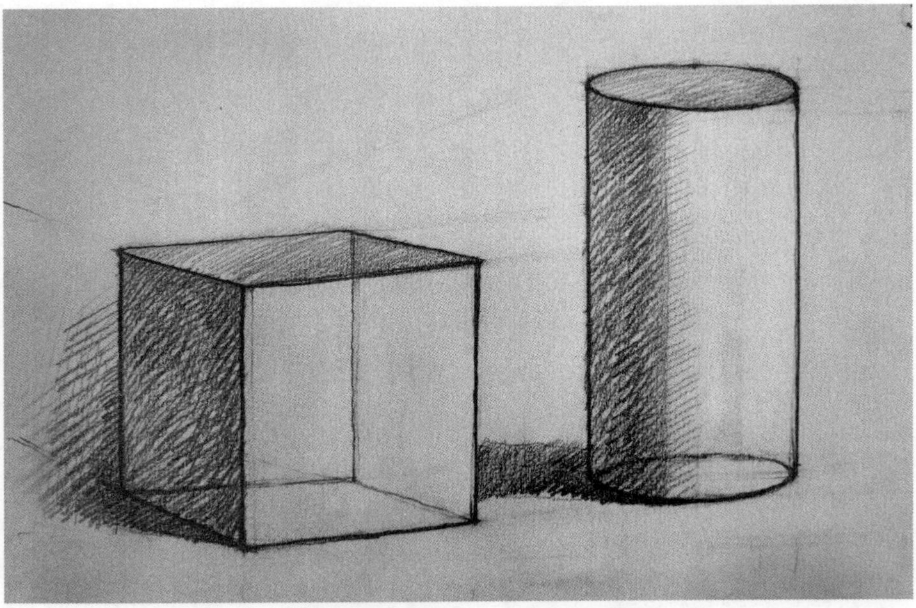

图 1-70　组合几何形体 1 全因素素描绘画步骤二

步骤三：深入刻画，保持几何形体的整体关系，加强明暗对比，细致刻画物体的细节、质感、空间等因素。对画面中的不理想因素进行调整，使其达到最佳效果（图 1-71）。

图 1-71　组合几何形体 1 全因素素描绘画步骤三

4. 组合几何形体 2（图 1-72）全因素素描的绘画步骤

图 1-72　组合几何形体 2

步骤一：用简练的线条画出组合几何形体的轮廓、明暗交界线及主要结构（图 1-73）。

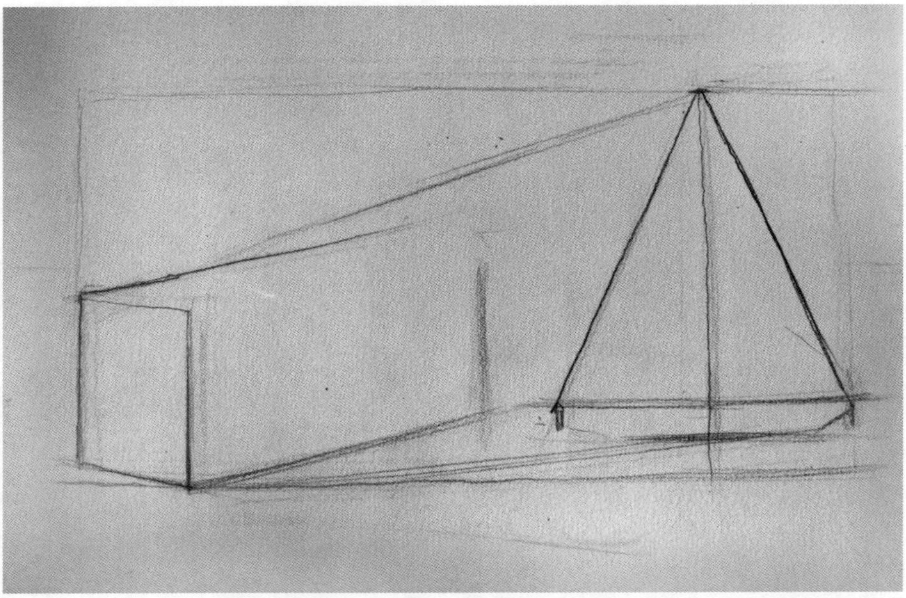

图 1-73　组合几何形体 2 全因素素描绘画步骤一

步骤二：建立整体明暗关系，先画画面中颜色最重的部分，按照物体由暗到亮的明暗顺序依次来画，这样有助于整体关系的把握；可以从明暗交界线入手，从暗部开始画，逐渐向亮部过渡（图 1-74）。

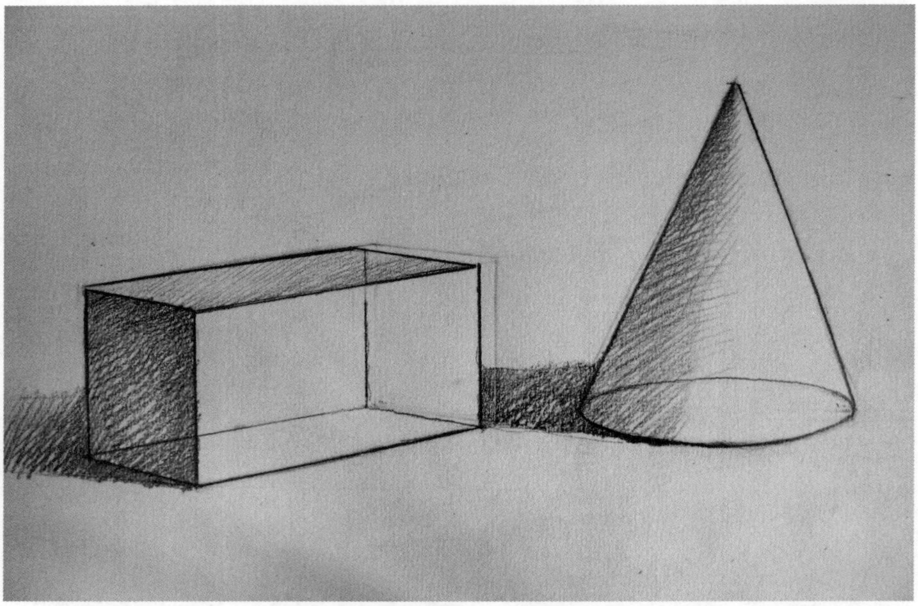

图 1-74　组合几何形体 2 全因素素描绘画步骤二

步骤三：深入刻画，保持整体关系，加强明暗对比，细致刻画物体的结构细节、质感、空间等因素。对画面的不理想因素进行适当调整，使其达到最佳效果（图 1-75）。

图 1-75　组合几何形体 2 全因素素描绘画步骤三

【知识链接】

全因素素描是素描训练中的重要组成部分，与结构素描相比，它更丰富、细腻，更具说服力。用明暗造型，也是色彩表现不可缺少的重要基础。点、线、面是实现形式的最基本元素，点、线、面不宜单独体现，而是常常将它们组合重复使用，多数情况下用线排列成黑、白、灰各种色调，从而表现体面、空间、光影的关系。

一、全因素素描的色调

当光从一个方向照射到立方体上时就会产生“三大面”效果（图 1-76），我们把这种效果分成亮面、明暗交界线和暗面，其中明暗交界线由于和光线相切，没有光线通过，因此最暗。在素描学习中，我们简单地称这种明暗色调为黑、白、灰，即我们通常所说的“三

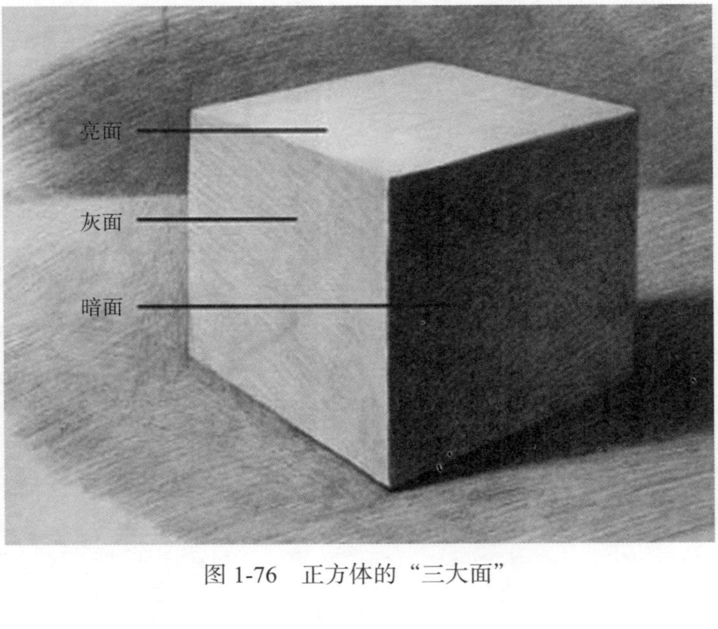

图 1-76　正方体的“三大面”

大面”。“三大面”中受光最强的面是亮面，受光最少即背光的面是暗面，另外一个面是灰面，它的明暗介于亮面与暗面之间。

亮面可分为高光和亮灰，暗面可分为暗灰、反光和投影，这也就形成了素描色调中的“五大调子”。当光从某个方向照射到球体上或曲面上时所产生的明暗层次统称为“五大调子”，即亮调子、中间调子、明暗交界线、暗调子、反光（图1-77）。

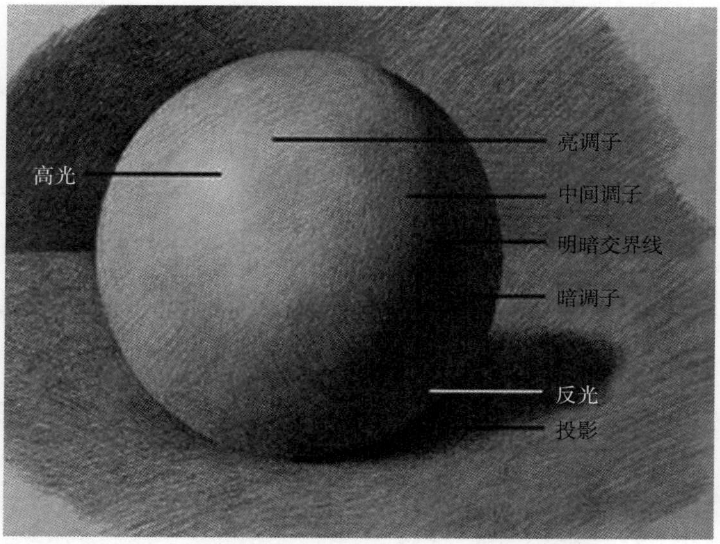

图 1-77 “五大调子”

“五大调子”的明暗顺序是：亮调子、中间调子、反光、暗调子、明暗交界线。

亮调子主要是指物体受光部明度较高的区域，这一区域分为高光和亮灰调；中间调子是指明暗交界线与亮调子之间的区域；暗调子是指物体背光区域中较暗的调子层次，包括投影；明暗交界线则是指亮面与暗面交界的区域，一般以线状或带状呈现；反光是指物体暗部受到环境反射光影响呈现出的光亮，一般在暗部，光亮较弱。“五大调子”是物体在一定光线下明暗变化的最基本格局，其具体明暗的差别，要根据具体对象和具体光线去比较表现。

素描中各个明暗层次所形成的对比关系及空间效果称为明暗关系或黑白关系。在绘画时要求明暗关系明确，明暗层次丰富。

二、全因素素描的排线种类和注意事项

全因素素描中不同的明暗层次是由线条多次有规律地重复罗列而成的，即“排调子”。排线要求均匀透气即可，每一层调子的方向要有变化，形成网格状，这样明暗层次看起来才会丰富而又浑厚，透气而不死板。排线时用笔要稳而放松，轻起轻落，尽量不出现“丁”字线。素描中线的表现方式灵活多样，也非常丰富，线的轻重变化形成了面的虚、实、凸、凹等复杂的变化。这些都需要学习者在练习中体会。线的画法是落笔轻、中间重、收笔轻，整个动作一气呵成，形成两头虚中间实的线。这样画出的线容易衔接，在画的过程中也容易把握整体的效果。排线是初学者绘画时应特别注意的。虽说画无定法，但在没有达到一定熟练程度时，还是应当讲究线的画法，这样不但有利于循序渐进地学习，而且能培养很好的学习习惯和方法。当排线练得比较灵活后，线条本身可以不再被重点关注，此时应该注重形体的塑造。

带钩的线和两头齐的线在素描当中都是忌讳的，这样的线在衔接时会形成明显的接口，也容易造成线条的杂乱。

【学习评价】

序号	考核项目	评分依据	评分范围	分值
1	构图	图面和谐优美，构图严谨	不符合扣分	20
2	线条	排列均匀透气、明暗准确	不符合扣分	20
3	透视	透视准确，形体准确	不准确扣分	30
4	图面	图面整洁、精细，并完成全部任务	不符合扣分	10
5	学习态度	积极主动学习	学习态度表现	20
			合计	100

【课外临摹作业】

准备 4 开素描纸，进行临摹练习。在教学过程中将定期检查直至学期末，成绩为本课程成绩的一部分。

临摹作业 1（图 1-78）

图 1-78　临摹作业 1

临摹作业 2（图 1-79）

图 1-79　临摹作业 2

临摹作业 3（图 1-80）

图 1-80　临摹作业 3

临摹作业 4（图 1-81）

图 1-81　临摹作业 4

临摹作业 5（图 1-82）

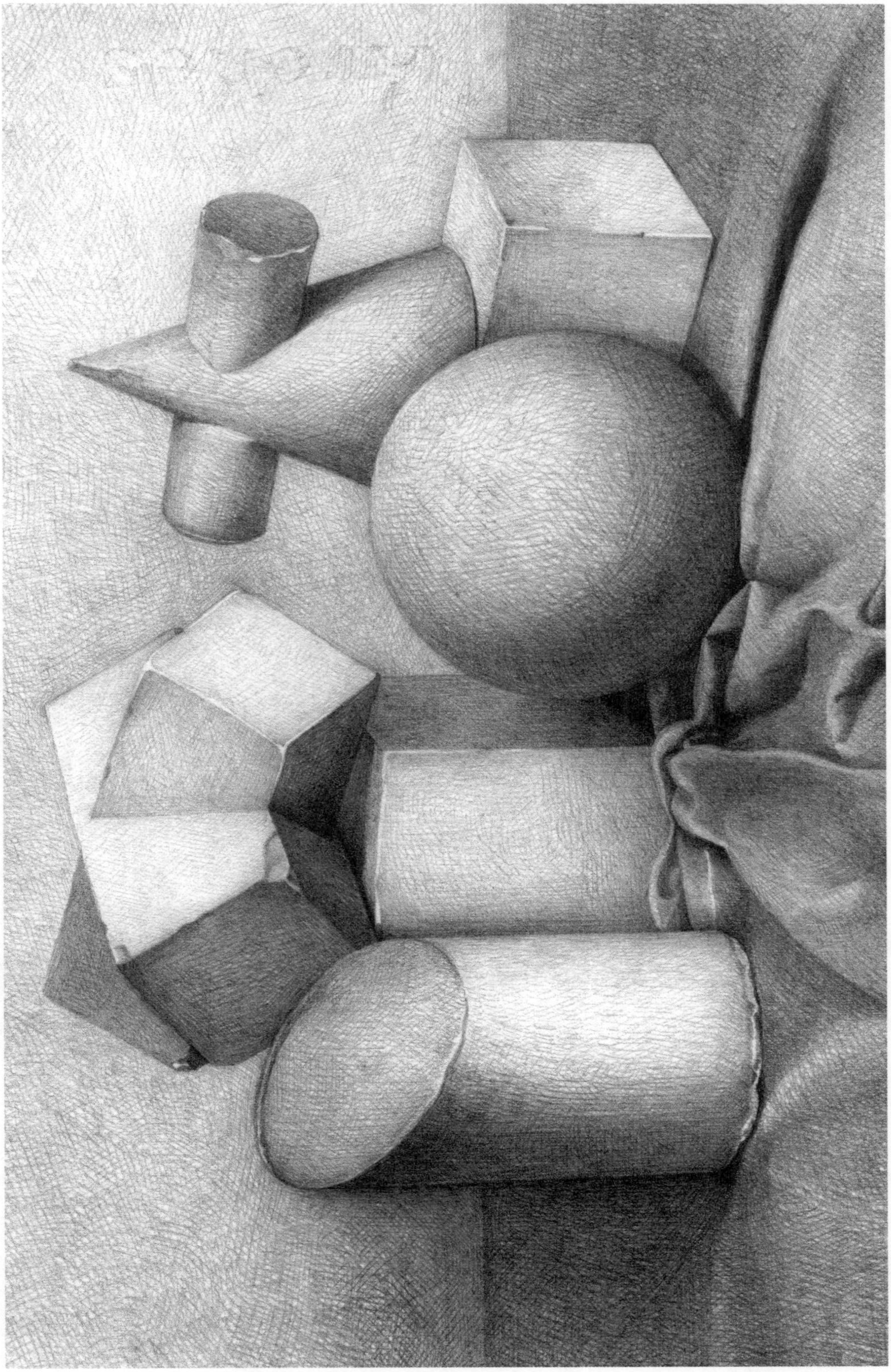

图 1-82　临摹作业 5

临摹作业 6（图 1-83）

图 1-83　临摹作业 6

任务四　静物全因素素描训练

【任务分析】

静物全因素素描训练培养学生掌握静物的结构特点、透视关系、明暗变化规律和基本的造型方法，通过静物全因素素描的写生训练使学生进一步考虑到明暗、材质等对形体的影响，从而进一步加强对静物体积感、空间感的理解。加强培养学生对明暗的感知能力及理性的推理能力。静物全因素素描强调对物体的明暗关系、肌理、质感及空间等因素的表现。通过静物全因素素描的训练，能使学生熟练地感知明暗关系，并通过全因素素描的形式来表现多个静物间的空间关系及单个静物本身的明暗关系，训练学生的塑造能力、审美能力和构图能力。

【任务目标】

熟练掌握静物全因素素描的表现方法和造型的基本要素，使学生加深对“三大面”“五大调子”的理解，着重理解静物本身的体积结构关系和物与物之间的空间关系。

【任务描述】

一、任务内容要求

（1）单个静物全因素素描练习。

（2）组合静物全因素素描练习。

二、任务标准

（1）构图得当，比例、透视准确。

（2）明确地表现出“三大面”“五大调子”，并形成黑、白、灰秩序。

（3）完成静物本身质感、体量感的表现与对比。

三、工具

4 开素描纸、铅笔、橡皮、画板。

【实例展示】

1. 梨（图 1-84）全因素素描的绘画步骤

图 1-84　梨

步骤一：用简练的线条画出梨的轮廓、明暗交界线及主要结构（图 1-85）。

图 1-85　梨全因素素描绘画步骤一

步骤二：建立起梨的整体明暗关系，先画画面中颜色最重的部分，从明暗交界线入手，从暗部开始画，逐渐向亮部过渡（图 1-86）。

图 1-86　梨全因素素描绘画步骤二

步骤三：加强明暗对比，深入刻画局部，保持梨的整体关系，细致刻画梨的细节、质感、空间等因素（图 1-87）。

图 1-87　梨全因素素描绘画步骤三

2. 罐子（图 1-88）全因素素描的绘画步骤

图 1-88　罐子

步骤一：用简练的线条画出罐子的轮廓、明暗交界线及主要结构（图 1-89）。

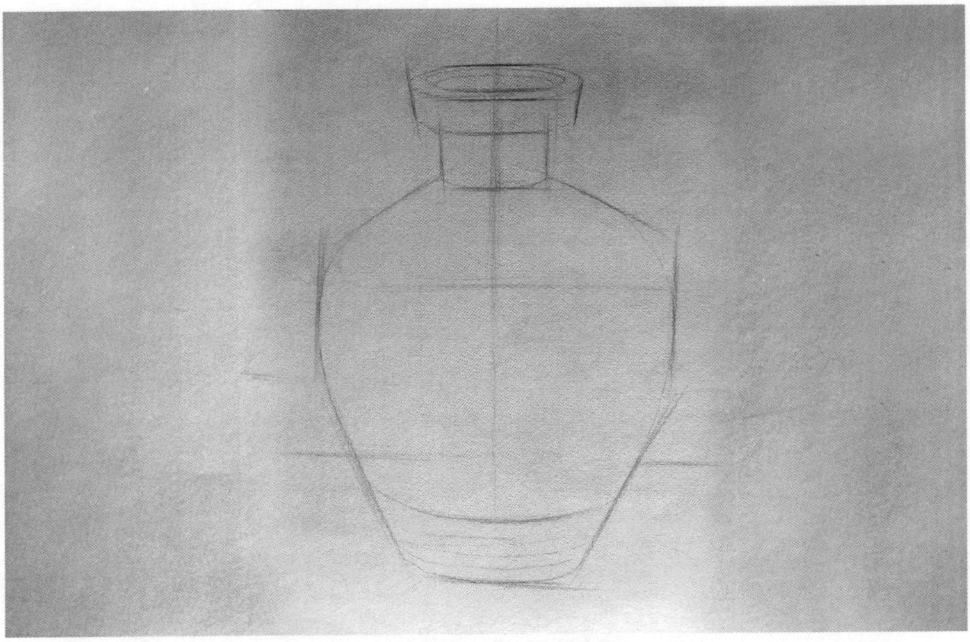

图 1-89　罐子全因素素描绘画步骤一

步骤二：建立起罐子的整体明暗关系，从罐子的明暗交界线入手，从暗部开始画，逐渐向亮部过渡（图 1-90）。

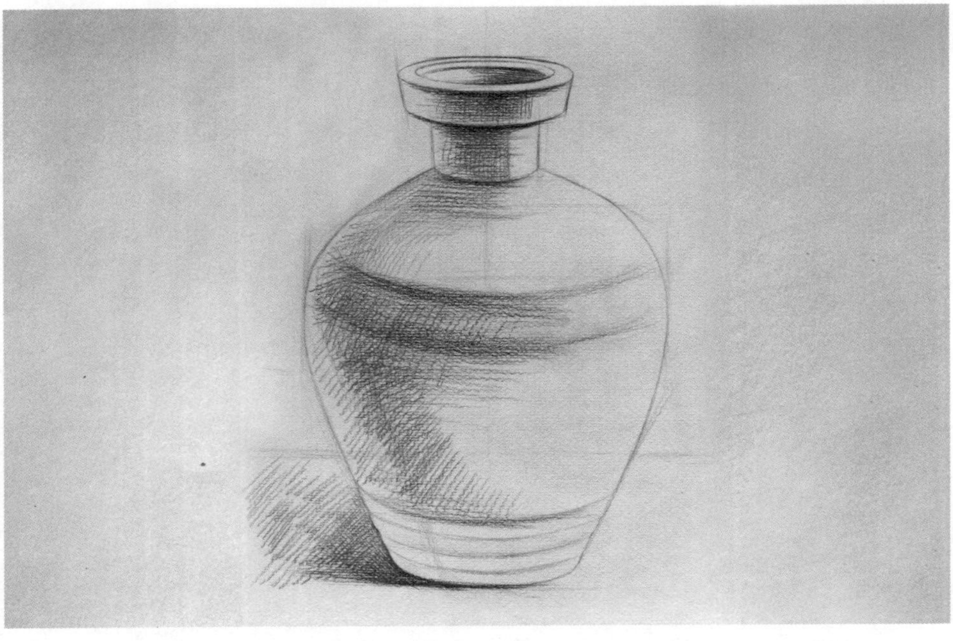

图 1-90　罐子全因素素描绘画步骤二

步骤三：加强画面中的明暗对比，保持罐子的整体关系，细致刻画罐子的细节、质感、空间等因素（图 1-91）。

图 1-91　罐子全因素素描绘画步骤三

3. 组合静物（图 1-92）全因素素描的绘画步骤

图 1-92　组合静物

步骤一：用简练的线条画出静物的整体位置关系、静物的轮廓、明暗交界线及主要结构（图 1-93）。

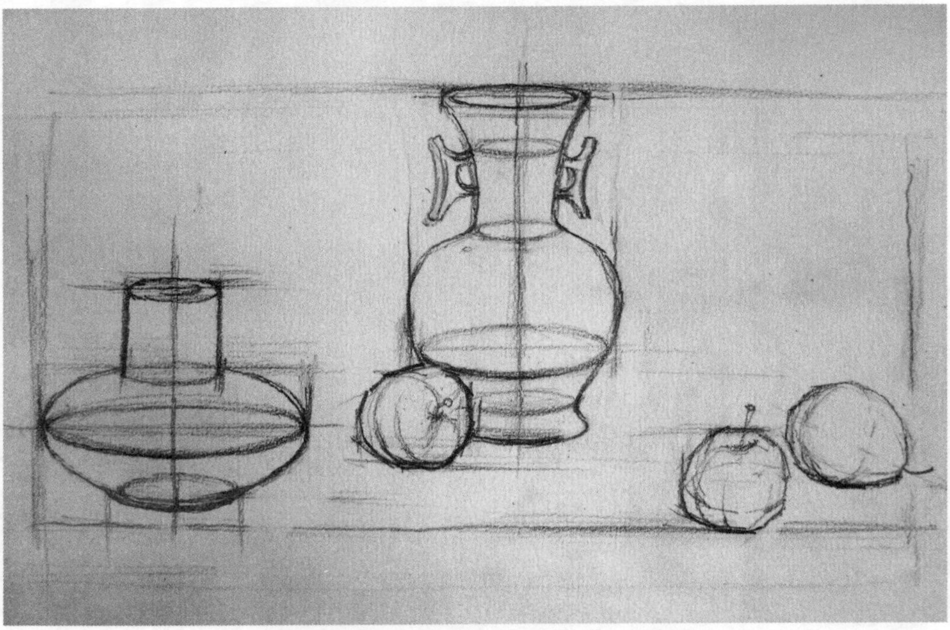

图 1-93　组合静物全因素素描绘画步骤一

步骤二：确立这组静物的大体明暗关系，从暗部开始画，逐渐向亮部过渡（图 1-94）。

图 1-94　组合静物全因素素描绘画步骤二

步骤三：建立起这组静物的整体明暗关系，从暗部的明暗交界线入手，逐渐向亮部过渡（图 1-95）。

图 1-95　组合静物全因素素描绘画步骤三

步骤四：深入刻画静物，加强画面明暗对比，保持画面的整体关系，细致刻画静物的细节、质感、空间等因素，完成画作（图 1-96）。

图 1-96　组合静物全因素素描绘画步骤四

【知识链接】

静物全因素素描的表现方法如下。

一、明暗关系的表现

静物全因素素描的明暗关系与几何形体全因素素描的明暗关系是一致的，运用“三大面”和“五大调子”来表现。“三大面”由亮面、灰面和暗面组成；“五大调子”包括亮调子、中间调子、明暗交界线、暗调子、反光。全因素素描中各个明暗层次所形成的对比关系及空间效果称为明暗关系或黑白关系。在进行全因素素描的绘画中要求明暗关系明确并且层次丰富，如果相邻层次的调子明暗过于接近，所表现出的物体空间感就会减弱，画面会出现“灰”的视觉效果；若相邻层次的调子明暗对比过强，所表现出的物体就会出现生硬且不客观的视觉效果（图 1-97）。

静物全因素素描中不同的明暗层次是由线条多次排列形成的，每一层调子的方向要有变化，形成网格状，这样明暗层次看起来才会丰富而又浑厚，透气而不死板。

图 1-97　调子对比

二、整体关系

整体关系包括整体黑白关系和整体刻画关系。静物全因素素描中写生的对象一般由不同颜色的物体组成，物体颜色由最深到最浅分成若干等级，这种不同深浅颜色的对比关系就是素描中的整体黑白关系。整体黑白关系是建立在所有被刻画对象的客观对比之上的，是为个体建立明暗关系的客观前提，也是保持和谐对比关系的关键因素。整体刻画关系是指素描中局部明暗关系与整体明暗关系、局部深入程度与整体深入程度是否和谐同步。每个物体的明暗关系是一致的，深入程度也是一致的，那么整体刻画关系便是和谐同步的；否则，画面关系必然是扭曲的、不整体的。

在具备了刻画能力后，决定画面成败的关键因素就是整体关系，把握整体关系的方法就是“整体地观察与整体地画”。“整体地观察”必须是“由整体到局部，再从局部回到整体”的过程，在观察中把握整体与局部、局部与局部的对比关系，包括整体黑白关系与细节刻画程度。初学者容易着眼于局部，不注意整体观察，所以在写生练习的过程中往往有的地方画过了头，有的地方却画得不充足，使整体与局部相互脱节，画面呈现不完整的状态。“整体地画”是指画面从概括到深入的每个过程中所有物体的刻画进度都应保持一致，即在任何一个阶段都要同时地去刻画所有物体，让它们随时都保持着明确的对比关系。

一切事物都是不可分割的整体，事物的整体与局部都有内在的联系。只有经过多方面、多次的比较才能画准要表现的形体。所以绘画要从整体出发，始终保持“由整体到局部，再从局部回到整体”的作画过程。

【学习评价】

序号	考核项目	评分依据	评分范围	分值
1	构图	图面和谐优美，构图严谨	不符合扣分	20
2	线条	排列均匀透气、明暗准确	不符合扣分	20
3	透视	透视准确，形体准确	不准确扣分	30
4	图面	图面整洁、精细，并完成全部任务	不符合扣分	10
5	学习态度	积极主动学习	学习态度表现	20
			合计	100

【课外临摹作业】

准备 4 开素描纸，进行临摹练习。在教学过程中将定期检查直至学期末，成绩为本课程成绩的一部分。

临摹作业 1：苹果（图 1-98）

图 1-98　临摹作业 1

临摹作业 2：香蕉（图 1-99）

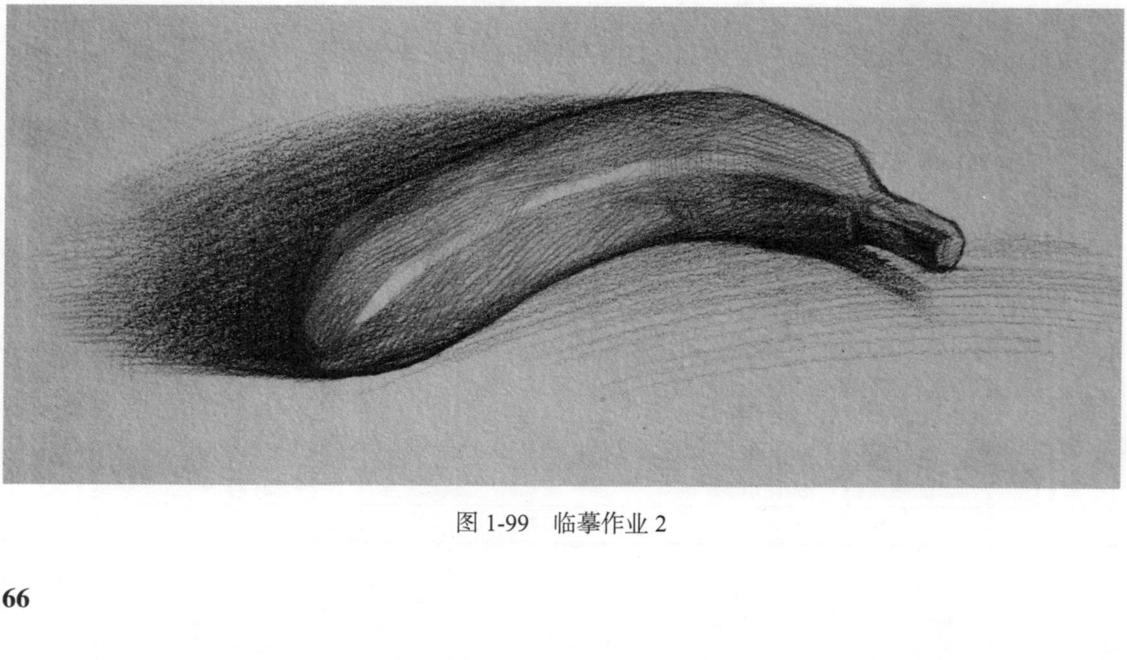

图 1-99　临摹作业 2

临摹作业 3：静物组合 1（图 1-100）

图 1-100　临摹作业 3

临摹作业 4：静物组合 2（图 1-101）

图 1-101　临摹作业 4

临摹作业 5：静物组合 3（图 1-102）

图 1-102　临摹作业 5

临摹作业 6：静物组合 4（图 1-103）

图 1-103　临摹作业 6

临摹作业 7：静物组合 5（图 1-104）

图 1-104　临摹作业 7

任务五　建筑景物解析训练

【任务分析】

建筑景物解析训练培养学生掌握建筑景物的分解与重组方法，通过分解与重组使学生进一步加深对形体的理解，从而进一步加强对建筑景物体积感、空间感的理解。加强培养学生对建筑景物的感知能力及理性的推理能力。

【任务目标】

掌握建筑景物造型分解与重组的方法，能够将建筑景物造型分解为几何形体并重新组合为建筑景物。

【任务描述】

一、任务内容要求

从“建筑造型分解与重组”素材中选择建筑实物图片，对建筑造型进行分解与重组表现。

二、任务标准

（1）构图得当，比例、透视准确。

（2）景物拆分准确，明确地表现出“三大面”“五大调子”，并形成黑、白、灰秩序。

（3）完成景物本身质感、体量感的表现与对比。

三、工具

4 开素描纸、铅笔、橡皮、画板。

【实例展示】

1. 建筑造型分解与重组（结构素描表现）（图 1-105）的方法与步骤

（1）从“建筑造型分解与重组” 素材中选择一张建筑实物图片，将其贴在一张 4 开素描纸的左上角处。

（2）观察图片中建筑的各个部分结构，分析其形态的几何形体类型。

（3）将观察分析出来的形体以草图的形式表现于素描纸的指定位置。

（4）在素描纸的右侧将这些几何形体以结构素描的形式表现出来。有些在建筑物上多次出现的形体可以多角度重复表现，注意构图的合理性。

（5）在素描纸的右侧将这些几何形体重新组合成原来的建筑造型并以结构素描的形式表现出来。

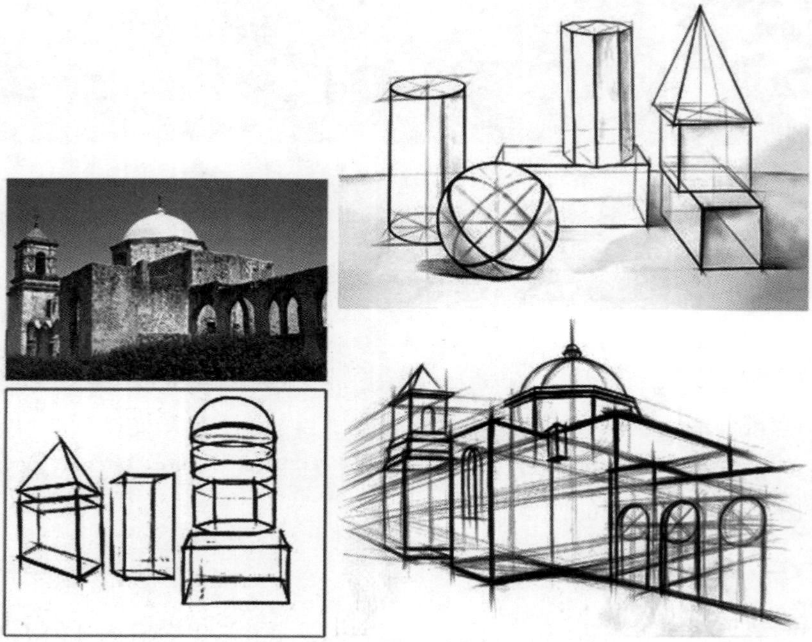

图 1-105　建筑造型分解与重组（结构素描表现）

2. 建筑造型分解与重组（全因素素描表现）（图 1-106）的方法与步骤

（1）从“建筑造型分解与重组”素材中选择一张建筑实物图片，将其贴在一张 4 开素描纸的左上角处。

（2）观察图片中建筑的各个部分结构，分析其形态的几何形体类型。

（3）将观察分析出来的形体以草图的形式表现于素描纸的指定位置。

（4）在素描纸的右侧将这些几何形体以全因素素描的形式表现出来。有些在建筑物上多次出现的形体可以多角度重复表现，注意构图的合理性。

（5）在素描纸的右侧将这些几何形体重新组合成原来的建筑造型，并以全因素素描的形式表现出来。

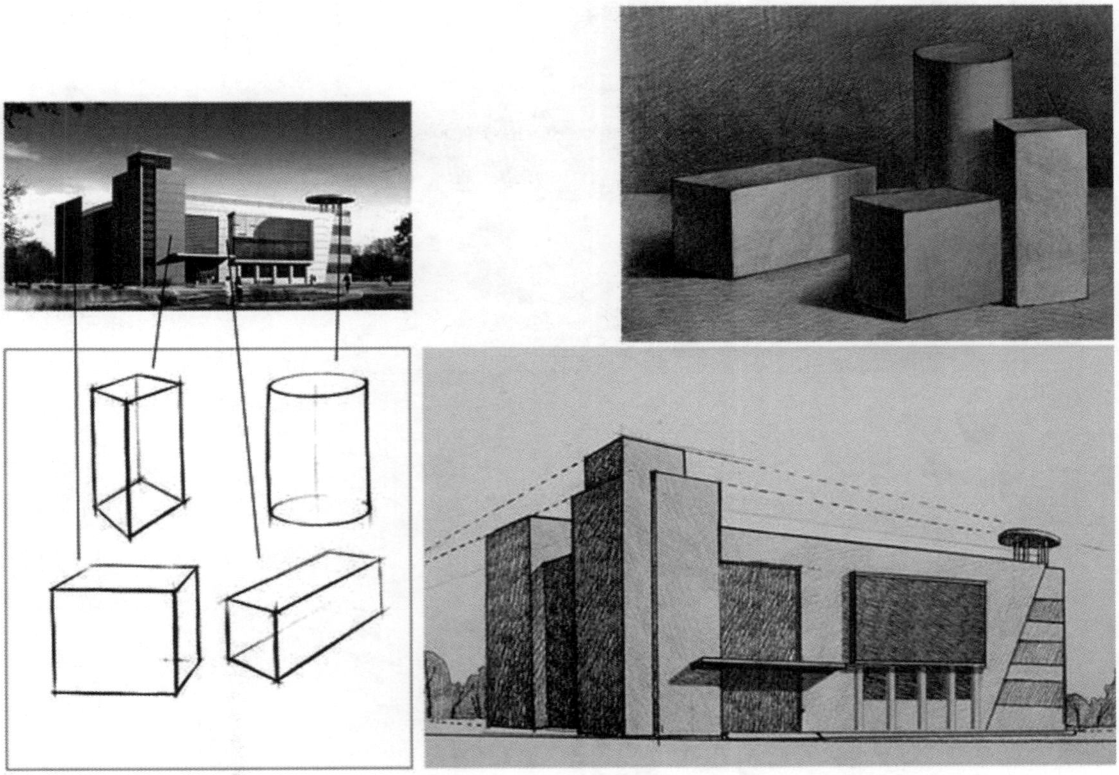

图 1-106　建筑造型分解与重组（全因素素描表现）

【知识链接】

建筑的透视原理与几何形体、静物的透视原理基本相同。静物写生中我们观察的对象都处在俯视的角度，而建筑形体因为体形庞大，观察视线既有俯视又有仰视，而且透视效果强烈，因此建筑透视关系更难表现。把握建筑的透视关系，主要靠观察；观察时要先确定是平行透视还是成角透视，再找到消失点，遵循近大远小、近高远低的规律，整体地观察并整体地去表现对象（图 1-107、图 1-108）。

图 1-107　建筑透视对比 1

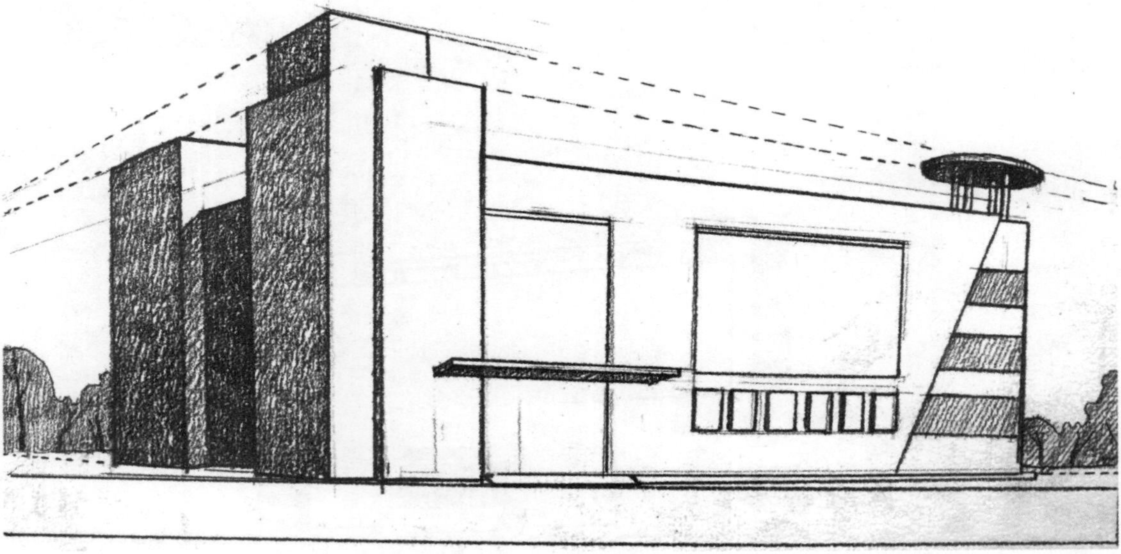

图 1-108　建筑透视对比 2

【学习评价】

序号	考核项目	评分依据	评分范围	分值
1	构图	图面和谐优美，构图严谨	不符合扣分	20
2	线条	排列均匀透气、明暗准确	不符合扣分	20
3	透视	透视准确，形体准确	不准确扣分	30
4	图面	图面整洁、精细，并完成全部任务	不符合扣分	10
5	学习态度	积极主动学习	学习态度表现	20
			合计	100

【课外临摹作业】

准备4开素描纸，进行临摹练习。在教学过程中将定期检查直至学期末，成绩为本课程成绩的一部分。

临摹作业1：建筑造型分解与重组1（图1-109）

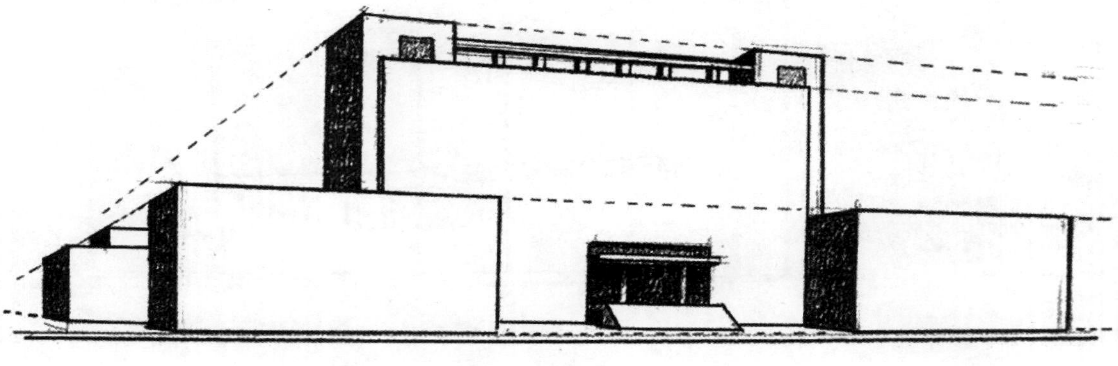

图1-109　临摹作业1

临摹作业 2：建筑造型分解与重组 2（图 1-110）

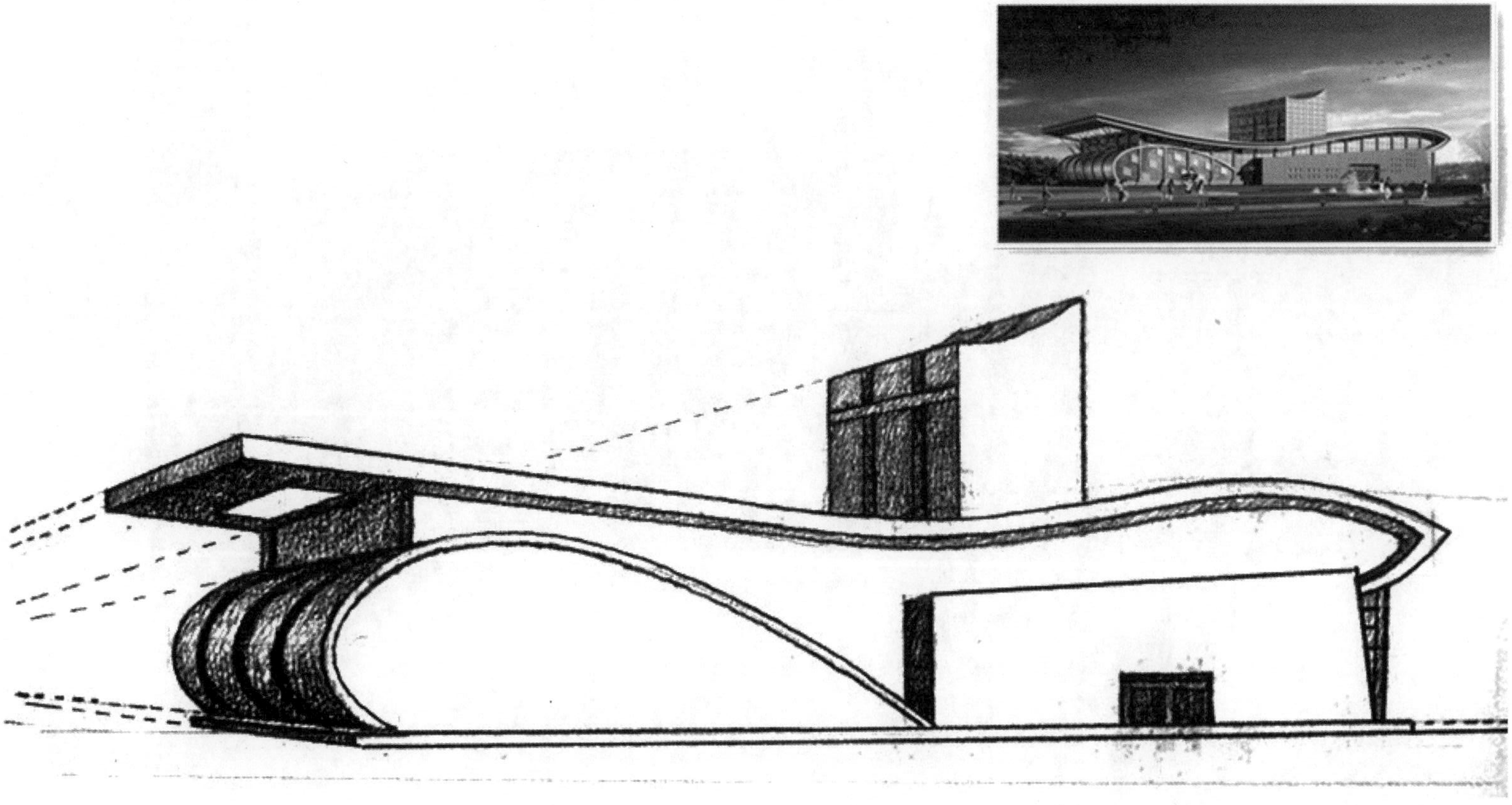

图 1-110　临摹作业 2

临摹作业 3：建筑风景临摹 1（图 1-111）

图 1-111　临摹作业 3

临摹作业 4：建筑风景临摹 2（图 1-112）

图 1-112　临摹作业 4

临摹作业 5：建筑风景临摹 3（图 1-113）

图 1-113　临摹作业 5

临摹作业 6：古亭临摹（图 1-114）

图 1-114　临摹作业 6

项目二 色彩基础能力训练

【项目引言】

色彩是自然界客观存在的物质，是光的一种表现形式。色彩，既能使人兴奋、愉悦、心神畅爽，又能使人压抑、低沉、郁郁寡欢，这些都是人们的视觉经验作用于心理所产生的一些作用。 因此人们一直在感受大自然的色彩美，同时也一直在用色彩表现着美。正确掌握色彩的基本规律，培养对自然物象色彩的观察能力和表现能力是学习色彩的关键。掌握色彩知识与造型能力，会对园林专业学生的造型表现起到更深层次的作用。色彩是世间万物共有的属性，色彩是绘画完整地表现客观事物的造型因素，它能够营造物象的真实感、增强作品视觉效果与表现力。我们通过色彩训练可以掌握色彩造型规律、培养设计意识和创造能力，通过以绘画为主的各种形式的色彩表现训练可以掌握色彩原理与应用技巧，掌握绘画色彩与设计色彩的语言形式与内在联系，因此色彩训练是由绘画转向设计的重要过程。

色彩写生是色彩画练习的基本形式，适合对各种表现技法的尝试，可以对色彩关系的观察研究得更深入，对训练色彩造型能力、熟悉色彩绘画工具、材料的性能以及对后续的手绘表现有很大的积极作用。

色彩写生是培养色彩感觉能力最有效的途径。色彩写生训练可以加强观察、分析、比较各种色彩之间的关系，有助于掌握明暗及色彩关系，还可以深入研究固有色在不同光线和环境中的变化。解决水彩画的造型、色彩、表现等问题，为进一步绘制手绘图奠定坚实的基础。

作为专业基础课必须明确本课程的服务对象，了解后续课程是什么，在本课程中该学什么，该怎么学。训练内容如图 2-1 所示。

由图 2-1 我们能更加直观地明确训练的内容，明确今后训练的方向。色彩有多种表现方法，如水彩、水粉、马克笔、彩铅等，本书重点介绍水彩。

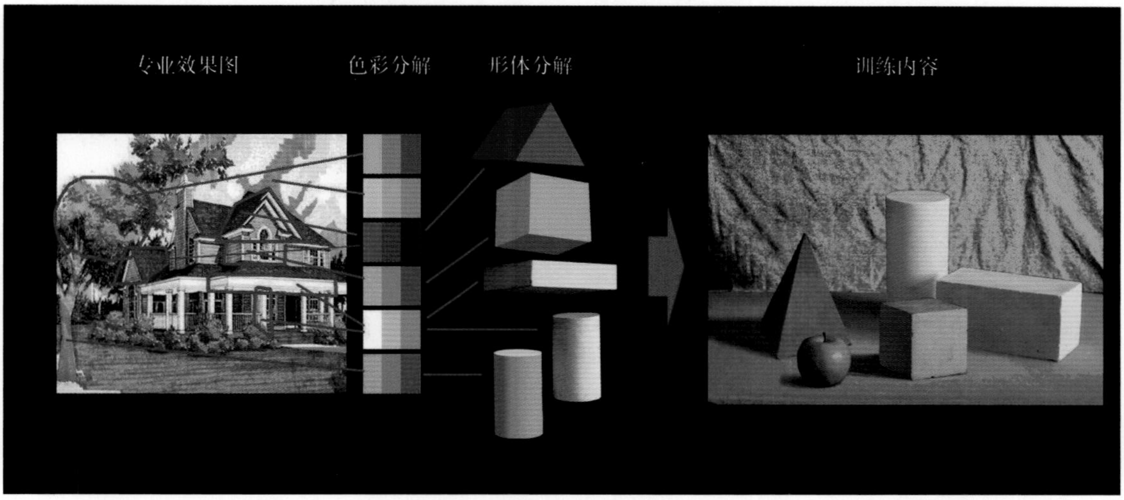

图 2-1　专业效果图与训练内容对比

学习目标

本项目要求学生了解色彩的产生，掌握色彩的分类、色彩三要素、色彩联想、色彩与素描的关系等基础理论知识。

任务一　色彩基础能力训练

【任务分析】

通过基本色彩混合练习，理解色彩混合的基本原理，理解色彩三要素的概念。

【任务目标】

掌握色彩基本知识，掌握明度、纯度、冷暖的表现方法和色彩等级的控制，掌握调色的基本原理，提高创新意识及表现技能，激发学生对色彩的学习兴趣。

【任务描述】

本任务要求学生初步了解色彩的各种属性及原理。

一、任务内容要求

（1）色环绘制。

（2）色度训练。

（3）色性训练（课后练习）。

二、任务标准

（1）构图完整，图面和谐。

（2）色彩干净、明确，色彩渐变均匀。

三、工具

4 开水彩纸、铅笔、水彩笔、24 色水彩颜料、画板、调色盒、水桶。

【实例展示】

1. 训练 1：色环绘制

要求：绘制色环作业一幅。理解色彩三要素，掌握色环的绘画规律。

步骤：将三原色黄、红、蓝分别画在 1、9、17 的位置，然后将间色橘黄、紫、绿分别画在 5、13、21 的位置（图 2-2）。将黄、橘黄按量依次调和分别画在 2、3、4 的位置上，并以此为例依序完成整个色环的绘画（图 2-3）。

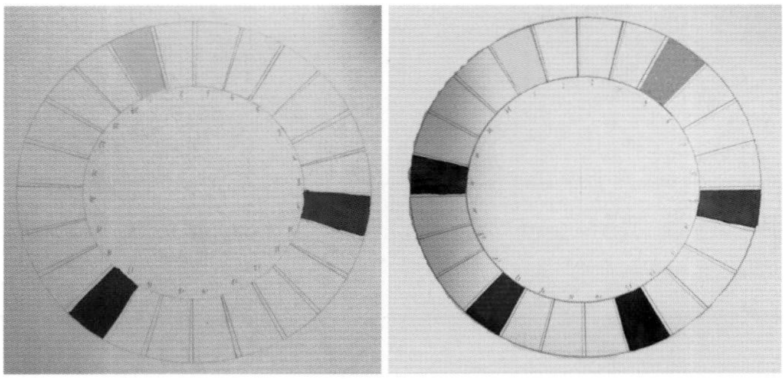

图 2-2　色环绘制步骤 1

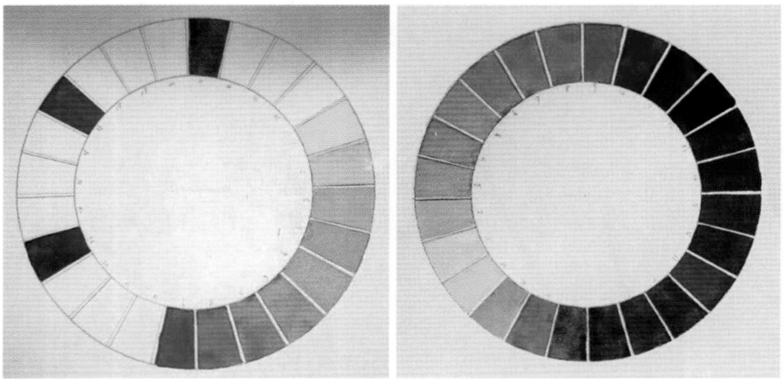

图 2-3　色环绘制步骤 2

2. 训练 2：色度训练

要求：绘制单色明度变化作业一幅，色彩明度变化作业一幅。

步骤：用普蓝、深红和水画出单色明度变化，用绿、黄、深红调和画出色彩明度变化（图 2-4）。

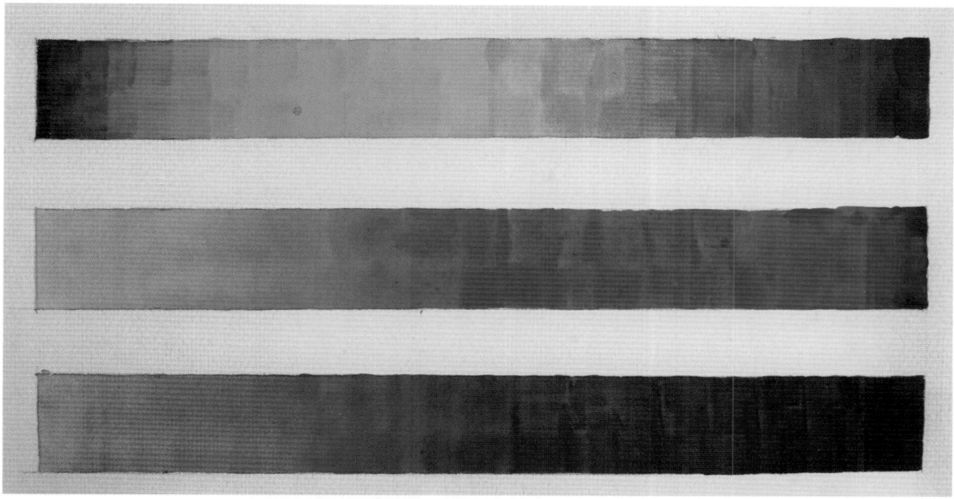

图 2-4 单色明度变化和色彩明度变化

3. 训练 3：色性训练（课后练习）

要求：绘制“春夏秋冬”作业一幅。以一个相同的图形作为基础，赋予不同的色调，掌握色性与色彩联想的知识（图 2-5）。

图 2-5 色性训练

【知识链接】

一、色彩的产生

对于色彩的研究，自 18 世纪英国科学家牛顿给予科学揭示后，色彩才成为一门独立的学科。经验证明，人类对色彩的认识与应用是通过发现差异，并寻找它们彼此的内在联系来实现的。因此，通过人类最基本的视觉经验得出了一个最朴素也是最重要的结论：没有光就没有色。白天人们能看到五颜六色的物体，但在漆黑无光的夜晚就什么都看不见了。倘若有灯光照明，则照到的地方就可以看到物象及其色彩了。真正揭开光色之谜的是牛顿，1666 年，牛顿进行了著名的色散实验。他让太阳光射进一个玻璃三棱镜，结果在墙面上出现了一条由七种颜色组成的光带，而不是一片白光，七种颜色按红、橙、黄、绿、青、蓝、紫的顺序一色紧挨一色地排列着，极像雨过天晴时出现的彩虹。并且，七色光带如果再通过一个三棱镜还能还原成白光。这条七色光带就是太阳光谱（图 2-6）。

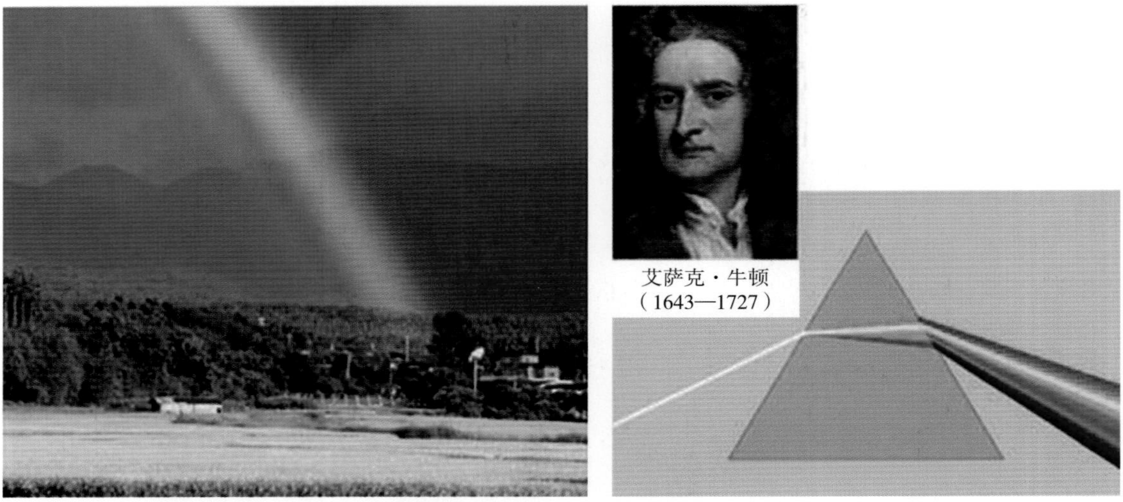

图 2-6　色彩的产生

二、色彩的分类

在千变万化的色彩世界中，人们视觉感受到的色彩非常丰富，按种类可分为原色、间色和复色。如果按色彩的系别分类，则可分为有彩色系和无彩色系两大类。

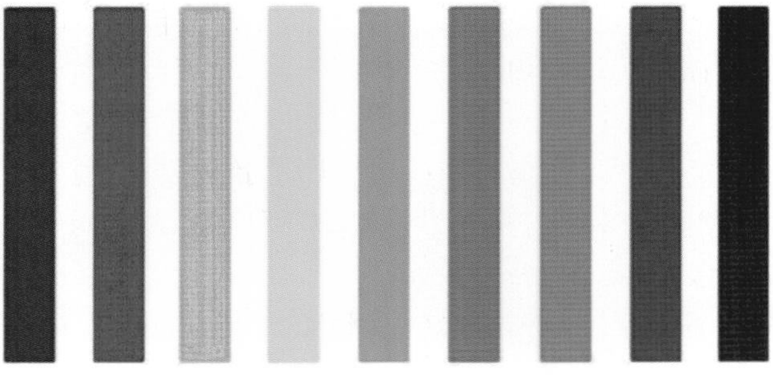

图 2-7　有彩色系

（1）有彩色系：指可见光谱中的全部色彩，以红、橙、黄、绿、蓝、紫等为基本色（图 2-7）。基本色之间不同量的混合、基本色与无彩色之间不同量的混合所产生的千千万万种色彩都属于有彩色系。有彩色系是由光的波长和振幅决定的，波长决定色相，振幅决定色调。

（2）无彩色系：指由黑色、白色及黑白两色相融而成的各种深浅不同的灰色系列（图 2-8）。从物理学的角度看，它们不属于可见光谱，故不能称为色彩。但是从视觉生理学和心理学上来说，它们具有完整的色彩性，应该包括在色彩体系之中。

图 2-8　无彩色系

有彩色还可分为原色、间色、复色、补色等（图 2-9）。

（1）原色：色彩中不能再分解的基本色称为原色。与牛顿同时代的英国科学家布鲁斯特发现，利用红、黄、蓝三种颜料，可以混合出橙、绿、蓝、紫四种颜料，还可以混合出其他更多的颜料，布鲁斯特指出：红、黄、蓝是颜料三原色，即是别的颜料混合不出来的颜料。

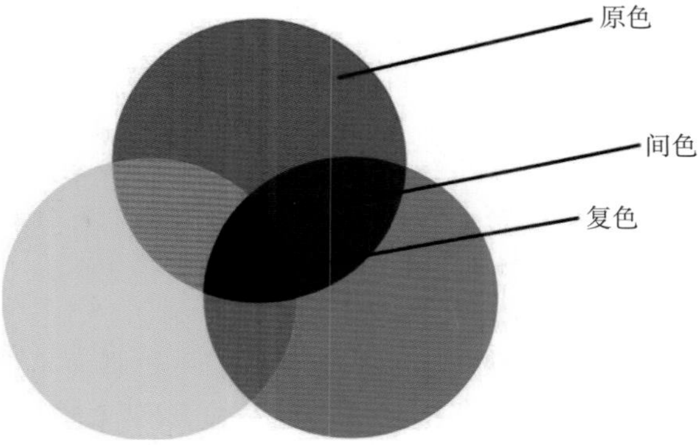

图 2-9　原色、间色、复色

色光三原色可以混合出所有颜色，同时相加为白色。颜料三原色从理论上来讲可以调配出其他任何色彩，同色相加得黑色。因为常用的颜料中除了色素还有其他的化学成分，所以两种以上的颜料相调和，纯度就会受影响，调和的色种越多就越不纯，也越不鲜明，颜料三原色相加只能得到一种黑浊色，而不是纯黑色。

（2）间色：由两种原色混合可得间色。间色有三种：色光三间色为品红、黄、青（湖蓝），有些彩色摄影书上称为“补色”，是指色环上的互补关系。颜料三间色为橙、绿、紫，也称第二次色。必须指出的是，色光三间色恰好是颜料三原色。这种交错关系构成了色光、颜料与色彩视觉的复杂联系，也构成了色彩原理与规律的丰富内容。

（3）复色：颜料的两个间色或一种原色和其对应的间色（红与绿、黄与紫、蓝与橙）相混合得复色，亦称第三次色。复色中包含了所有的原色成分，只是各原色间的比例不等，从而形成了不同的红灰、黄灰、绿灰等灰调色。

（4）补色：又称互补色，在色环中形成 180° 的每一对颜色都为补色，两种补色等量混合后呈黑灰色。由色环可以看到红色与绿色为补色，黄色与紫色为补色，蓝色与橙色为补色。补色必然是一对颜色，二者对比最为强烈，是色彩对比的极致。

三、色彩三要素

（1）色相：指每种色彩的相貌、名称，如红、橘红、翠绿、湖蓝、群青等。色相是区分色彩的主要依据，是色彩的最大特征。

（2）明度：指色彩的明暗差别，即深浅差别。色彩的明度差别包括两个方面：一是单一色相的深浅变化（图 2-10），二是不同色相的明度变化（图 2-11）。

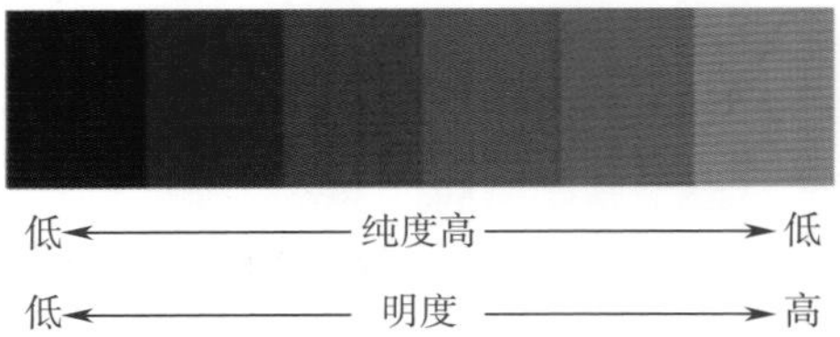

图 2-10　单一色相的深浅变化

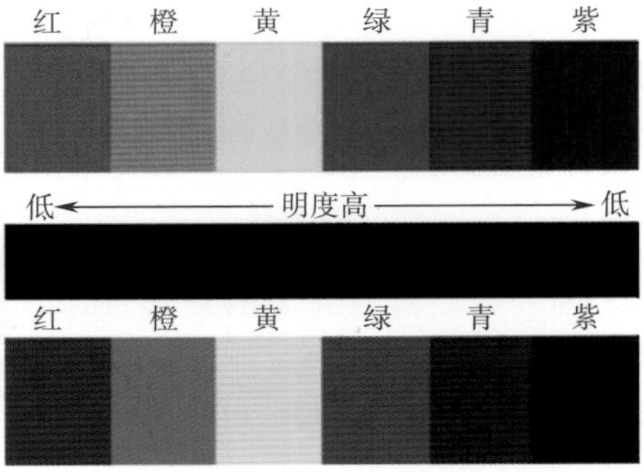

图 2-11　不同色相的明度变化

（3）纯度：指色彩的鲜浊程度。比较鲜艳的颜色，说明其纯度高；比较混浊、不鲜艳的颜色，说明其纯度低。在常用色彩中，原色与间色的纯度高，复色纯度相对较低。由此可见，一个颜色经过混合的次数越多其纯度就越低。纯度较低的色彩在绘画中叫作“灰色”，这种“灰色”不是日常生活中的 “无彩灰（不含有色素的灰）”，而是带有一定色彩倾向的“有彩灰”（图 2-12），图 2-12a~d 分别为紫灰、绿灰、黄灰、蓝灰。一幅画面是由不同纯度的色彩组成的，因此，色彩纯度的表现成为准确表现物体纯灰对比、协调画面关系的一个重要因素。

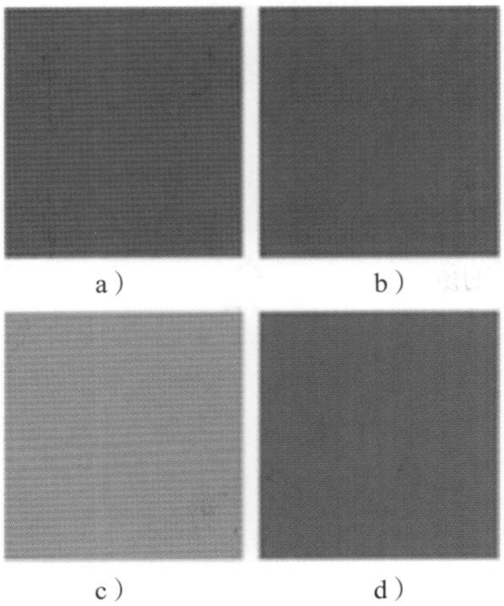

图 2-12　有彩灰

将一种高纯度的颜色纯度降低一般是在该颜色中不断地调入一种纯度很低的颜色，比如褐色、黑色、白色、灰色或补色（图 2-13）。

图 2-13　颜色纯度变化

四、色彩的视觉感受

（1）色性：即色彩的冷暖感，指色彩的性格，是颜色给人们造成的心理反应而产生的冷与暖的情感效应。比如大海（图 2-14）是蓝色的，视觉感受是凉的、冷的；火焰（图 2-15）、太阳是红色的，视觉感受是热的、暖的。这两类色便是冷色和暖色。

色性分为三类：冷色、暖色和中性色。冷色为蓝、绿、紫；暖色为红、橙、黄；中性色介于冷、暖色之间，如白、黑等。冷暖是相对的，同一色相中有相对较暖的颜色，也有相对较冷的颜色。而且中性色也会因为相搭配的冷、暖色不同而变得不同。

图 2-14　蓝色的大海

图 2-15　火焰

（2）色彩的进退感：通常暖色光给人以前进感，冷色光给人以后退感。当人们走在山林中，会感觉远处的山是蓝色；当走近后，会发觉山其实不是蓝色的，而是绿色的，再走近些，会发觉阳光照射下的树在受光的地方呈现为黄色。因此作画时通常将远山画成蓝色，近山画成绿色。

五、水彩的工具和材料

（1）画架：可以用一张靠背椅当作画架，既可斜靠，也可平放，方便作画时对画面进行水分控制。

（2）画纸：水彩画用纸比较讲究，它对一幅画的效果影响很大，同样的技巧在不同的画纸上效果是不一样的。水彩画对画纸的要求比较高，最好使用特制的水彩画纸。理想的水彩画纸，纸面白净，质地坚实，吸水性适中，着色后纸面比较平整，纸纹的粗细根据表现的需要和个人习惯选择。水彩画纸分为粗纹、细纹两种，粗纹纸较适合干画法，细纹纸较适合湿画法。初学者在进行水彩练习时要选择合适的纸张，太薄的纸着色后高低不平，水色淤积，影响运笔；吸水太快的纸（如过滤纸），水色不易渗化，难以达到表现意图；太光滑的纸水色不易附着于纸面，这些纸都不适合画水彩之用。应熟知自己使用的画纸的性能特点，并熟练地使用它。

（3）画笔：水彩画笔需有一定弹性和含水能力，圆头水彩笔（图 2-16）、扁头水彩笔（图 2-17）、国画白云笔、山水笔等都可用来画水彩。准备一支大号的画笔涂大色块用，具体塑造与细节描绘用两三支中、小号画笔即可。油画笔太硬且不能储存水分，不宜用来画水彩（但有时可以用来表现某种特殊的效果）。当然还可以根据画面的需要选择或自制画笔，一般要求画笔能储存水分，有弹性，适合涂、写、勾、点等。

（4）颜料：水彩颜料（图 2-18）色粒很细，与水溶解后显得晶莹剔透。把它一层层涂在白纸上，犹如透明的玻璃纸叠落的效果。浅色不能覆盖底色，不像油画、水粉画那样颜料有较强的覆盖力。黑色要尽量少用，否则容易把画面搞脏。

（5）调色盒：可将暖色与冷色分开放置。

（6）小水桶：用来装水洗笔，应保持水的清澈，以保持水彩画颜色剔透的效果。

（7）铅笔：初学者可用较硬的铅笔打稿。

图 2-16　圆头水彩笔

图 2-17　扁头水彩笔

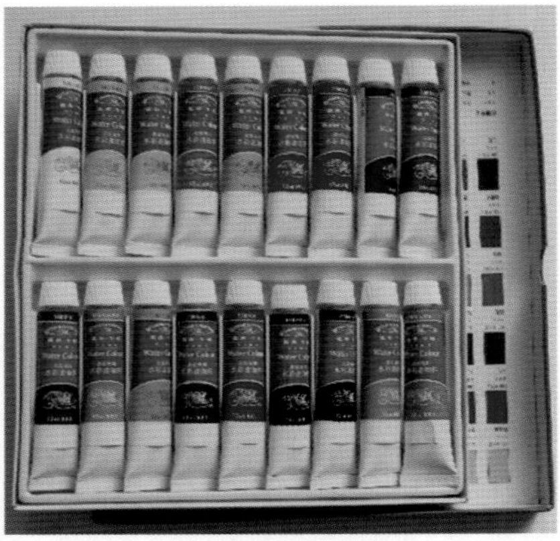
图 2-18　水彩颜料

【学习评价】

序号	考核项目	评分依据	评分范围	分值
1	构图	图面和谐优美，构图严谨	不符合扣分	20
2	色彩	色彩准确	不准确扣分	40
3	图面	图面整洁、精细，并完成全部任务	不符合扣分	20
4	学习态度	积极主动学习	学习态度表现	20
			合计	100

【课外临摹作业】

准备 4 开水彩纸，进行临摹练习。在教学过程中将定期检查直至学期末，成绩为本课程成绩的一部分。

临摹作业 1：绘制色环（图 2-19）

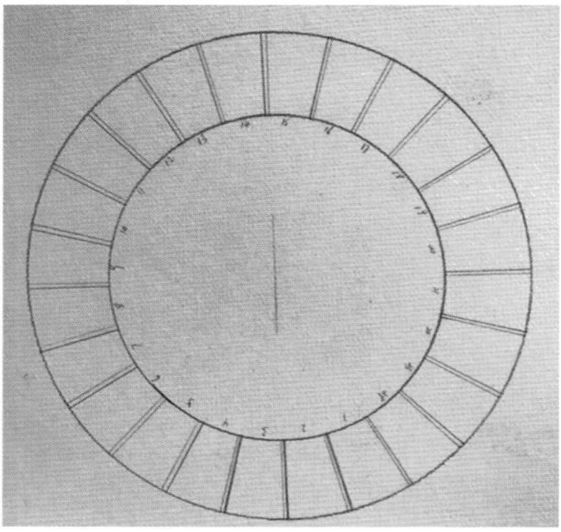
图 2-19　临摹作业 1

临摹作业 2：调色（图 2-20）

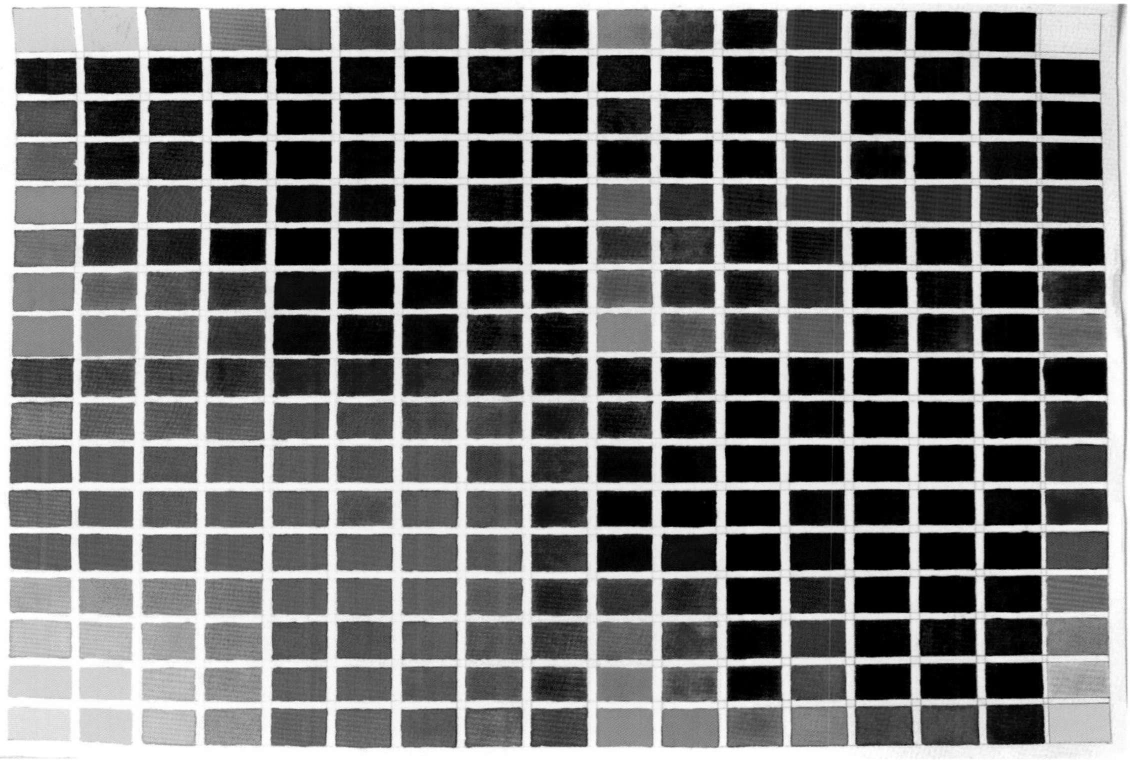

图 2-20　临摹作业 2

明度训练作业：红 + 水渐变，红 + 黑渐变（图 2-21）

图 2-21　明度训练作业

色性训练作业：用颜料绘出“春夏秋冬”（图 2-22）

图 2-22　色性训练作业

颜色提取训练作业：选取一张图片，提取该图片上的颜色，并画出颜色的明度变化（图 2-23）

图 2-23　颜色提取训练作业

任务二　水彩单色画能力训练

【任务分析】

无论是课堂写生，还是课后的创作，都会遇到一个问题：色彩与素描的关系。绘画中无论色彩还是素描，两者的训练目的都是提高学生的造型能力。用水彩单色作画的方法是素描练习到水彩练习的过渡，它不同于多种色彩表现的复杂任务。运用初学者在素描练习中熟悉的方法去画水彩，这样就可以把注意力集中在熟悉水彩画的工具、材料性能和方法步骤上，是从素描向水彩画过渡的一种有效方法。掌握色彩与素描的关系，是学习色彩的前提，本任务通过单色画的训练来阐释色彩与素描之间微妙的转换关系。

如果说素描是理性的，那么色彩就是感性的。绘画中要清晰地了解素描关系与色彩关系，明确认识它们的区别和联系，正确处理从素描关系到色彩关系转换时发生的问题，才能够为色彩课程的学习与提高打下良好而坚实的基础。

【任务目标】

能够运用单一色彩来表现静物的素描关系。

【任务描述】

用单一的水彩颜料来完成画面。采取限制颜色的作画方法，就可以一一熟悉各种颜色的性能和它们之间的关系，逐步掌握水彩颜料的性能，充分发挥水彩的表现力，为以后的色彩写生打下良好的基础。本任务要求学生初步了解水彩的属性并掌握水分的使用方法，用水彩的明度完成作品。

一、任务内容要求

（1）单色杯子写生训练。

（2）单色静物组合写生训练。

二、任务标准

（1）构图完整，图面和谐。

（2）形体准确，素描关系明确。

三、工具

8 开水彩纸、铅笔、水彩笔、24 色水彩颜料、画板、调色盒、水桶。

【实例展示】

1. 单色杯子写生训练的步骤

步骤一：用铅笔画出杯子的轮廓（图 2-24）。

图 2-24　单色杯子写生训练步骤一

步骤二：用水和普蓝画出杯子的明暗变化（图 2-25）。

图 2-25　单色杯子写生训练步骤二

步骤三：画出杯子的阴影部分（图 2-26）。

图 2-26　单色杯子写生训练步骤三

步骤四：刻画细部并画上背景（图 2-27）。

图 2-27　单色杯子写生训练步骤四

2. 单色静物组合写生训练的步骤

步骤一：用铅笔画出静物的轮廓，并简单地标出静物的阴影及高光点（图 2-28）。

图 2-28　单色静物组合写生训练步骤一

步骤二：用水和熟褐画出背景大面积颜色（图 2-29）。

图 2-29　单色静物组合写生训练步骤二

步骤三：用单色刻画主体静物（图 2-30）。

图 2-30　单色静物组合写生训练步骤三

步骤四：刻画细部（图 2-31）。

图 2-31　单色静物组合写生训练步骤四

【知识链接】

水彩静物写生中素描是个重要的因素，它成为色彩的优势和画面的骨架，能否画好水彩静物往往取决于素描功底的扎实程度。作为色彩静物练习的开始，可以先排除色彩因素，用单色水彩来完成静物练习。

“单色”绘画，是指借助于丰富的明暗层次去塑造形体。在光线照射下物体会呈现明暗变化，学生需要正确表现明暗层次的比例关系。在单色造型中，物象的色彩感只能依赖不同物象色彩的明度差异来表现，即在静物写生中，准确地判断在一定的光源、空间条件下，物象之间固有色的明度及差异，是不同物象色彩感表现的唯一依据。

在写生中，色彩明暗变化的“五调子”（图 2-32）是一切物体在一定光线下明暗变化的基本格局，其具体的明度关系，除了取决于物体的形体结构和光线条件外，和物体的固有色有着密切的联系。物体的固有色不同，其“五调子”明度差别的比例也是不相同的。一般来讲，低明度色明度差别小，高明度色明度差别大。

图 2-32　色彩明暗变化的“五调子”

没有正确的素描关系也就没有正确的色彩关系。素描关系与色彩关系是一幅好作品中密不可分的统一体，两者相辅相成。在上色过程中，每一笔色彩都和素描有密切的关系。初学者最容易犯的错误就是上色时忘记素描关系，没有把两者有机地结合在一起，导致整体画面没有空间感，每个物体没有体积感，色彩之间无主次之分。训练中要着重练习水彩水分的控制与明度等级表现的方法。单色水彩静物写生实际就是用水彩颜料画素描，目的是让学生了解水彩颜料、水彩纸的性质，熟悉其他工具的使用方法，掌握水彩画的基本技法、明度等级的控制方法与明度对比关系的表现方法。

【学习评价】

序号	考核项目	评分依据	评分范围	分值
1	构图	图面和谐优美，构图严谨	不符合扣分	20
2	色彩	色阶清晰	不符合扣分	40
3	图面	图面整洁、精细，并完成全部任务	不符合扣分	20
4	学习态度	积极主动学习	学习态度表现	20
			合计	100

【课外临摹作业】

准备 8 开水彩纸，进行临摹练习。在教学过程中将定期检查直至学期末，成绩为本课程成绩的一部分。

临摹作业 1（图 2-33）

图 2-33　临摹作业 1

临摹作业 2（图 2-34）

图 2-34　临摹作业 2

临摹作业 3（图 2-35）

图 2-35　临摹作业 3

临摹作业 4（图 2-36）

图 2-36　临摹作业 4

任务三　水彩静物训练

【任务分析】

色彩静物写生是色彩画练习的基本形式，其对色彩关系的观察和研究更深入，对训练色彩造型能力有很大的帮助，是培养色彩感觉能力最有效的途径。由于静物是静止的，便于反复细致地观察、分析以及比较各种色彩之间的关系；也便于把握明暗及色彩关系，有助于深入研究固有色在不同光线和环境中的变化。解决水彩画的造型、色彩、表现等问题，为进一步绘制手绘图奠定坚实的基础。

【任务目标】

培养学生色彩感觉，掌握色彩的造型及表现能力。

【任务描述】

本任务要求学生深入了解色彩的属性及色彩的变化规律。

一、任务内容要求

（1）单个水彩静物临摹训练。

（2）水彩静物写生训练。

二、任务标准

（1）构图完整，图面和谐。

（2）形体准确，素描关系明确。

（3）用色明快，表达准确。

三、工具

8 开水彩纸、铅笔、水彩笔、24 色水彩颜料、画板、调色盒、水桶。

【实例展示】

1. 单个水彩静物写生训练的步骤

步骤一：用铅笔画出苹果的轮廓（图 2-37）。

图 2-37　单个水彩静物写生训练步骤一

步骤二：画出苹果亮部颜色（图 2-38）。

图 2-38　单个水彩静物写生训练步骤二

步骤三：画出苹果明暗交界线及暗部（图 2-39）。

图 2-39　单个水彩静物写生训练步骤三

步骤四：画出苹果的阴影部分并进行细部整理（图 2-40）。

图 2-40　单个水彩静物写生训练步骤四

2. 水彩静物写生训练的步骤

步骤一：用铅笔将静物轮廓及明暗画出（图 2-41）。

图 2-41　水彩静物写生训练步骤一

步骤二：画出静物中的主体物及衬布的颜色（图 2-42）。

图 2-42　水彩静物写生训练步骤二

步骤三：用清水将背景打湿，趁湿画出大面积的背景颜色（图 2-43）。

图 2-43　水彩静物写生训练步骤三

步骤四：继续对画面物体逐一刻画，使画面逐渐深入；之后回到整体，对画面关系进行细部整理，完成画作（图 2-44）。

图 2-44　水彩静物写生训练步骤四

【知识链接】

色彩基础训练的技术性很强，需要通过大量的磨炼和实践才能很好地掌握它。但如果没有一定的理论知识作指导，收效未必显著。在色彩实践过程中，除了要有科学的观察方法和正确的认识思维方法，还要有素描训练的基础以及明暗变化、色彩冷暖变化等方面的知识。物体色彩的比较主要是色彩三要素的比较：一是从色相上，有冷与暖的对比、暖与暖的对比和冷与冷的对比；二是从明度上，有明与暗的对比、暗与暗的对比和明与明的对比；三是从纯度上，有纯与不纯的对比、纯与纯的对比和不纯与不纯的对比。通常把这种比较的方法称为“九比较”的方法。任何复杂多变的色彩，只有严格地按照这种方法比较，才能区别出来，这就需要学习这方面的理论知识并进行相关训练。这样在理论指导下，在实践中提高认识，色彩技能才能不断得到提高。

一、影响物体色彩的相关要素（图 2-45）

（1）光源色：指光源自身的颜色，如灯光、日光、月光等。在光源下，特别是强光源下，不同色彩可以同化或改变物象的色彩。

（2）固有色：指在正常光线（自然光）照射下，物体本身的颜色，如在日光下看到的物体的颜色。

（3）环境色：也称条件色，指物体周围环境的颜色。环境的色彩反射在物体上形成的色彩倾向，有时甚至可以改变物体的固有色。

图 2-45　光源色、固有色、环境色

二、色彩变化的客观规律

（1）色彩的冷暖变化：受光源的影响，一般“暖色”光线下的物体，亮部偏暖而暗部偏冷；“冷色”光线下的物体，亮部偏冷而暗部偏暖。色彩的冷暖是相互依存的，它们只有通过相互对比才能显现。对于某一孤立的颜色是无法判断其冷暖的（图 2-46）。

图 2-46　色彩的冷暖变化

（2）空间色：即色彩的空间透视，是因物体的距离远近不同而产生的色彩透视现象。如远山为灰蓝色，而近树颜色纯且绿。

（3）补色：最鲜明的补色有三对，即红与绿、橙与蓝、黄与紫。在无限丰富的灰色色阶中，每一种灰色都存在与之相对应的补色，如果把它们放在一起，它们就会相互依存、互为补充、互相增强各自色彩个性。在作画时，如能正确运用补色规律，画面的色彩会变得生动活泼。

在绘画时应当充分利用这些规律，使画面关系得到加强。

【学习评价】

序号	考核项目	评分依据	评分范围	分值
1	构图	图面和谐优美，构图严谨	不符合扣分	20
2	色彩	色彩丰富，色彩关系明确	不符合扣分	40
3	图面	图面整洁、精细，并完成全部任务	不符合扣分	20
4	学习态度	积极主动学习	学习态度表现	20
			合计	100

【课外临摹作业】

准备 8 开水彩纸，进行临摹练习。在教学过程中将定期检查直至学期末，成绩为本课程成绩的一部分。

临摹作业 1：梨（图 2-47）

图 2-47　临摹作业 1

临摹作业 2：苹果（图 2-48）

图 2-48　临摹作业 2

临摹作业 3：静物写生 1（图 2-49）

图 2-49　临摹作业 3

临摹作业 4：静物写生 2（图 2-50）

图 2-50　临摹作业 4

临摹作业 5：静物写生 3（图 2-51）

图 2-51　临摹作业 5

临摹作业 6：静物写生 4（图 2-52）

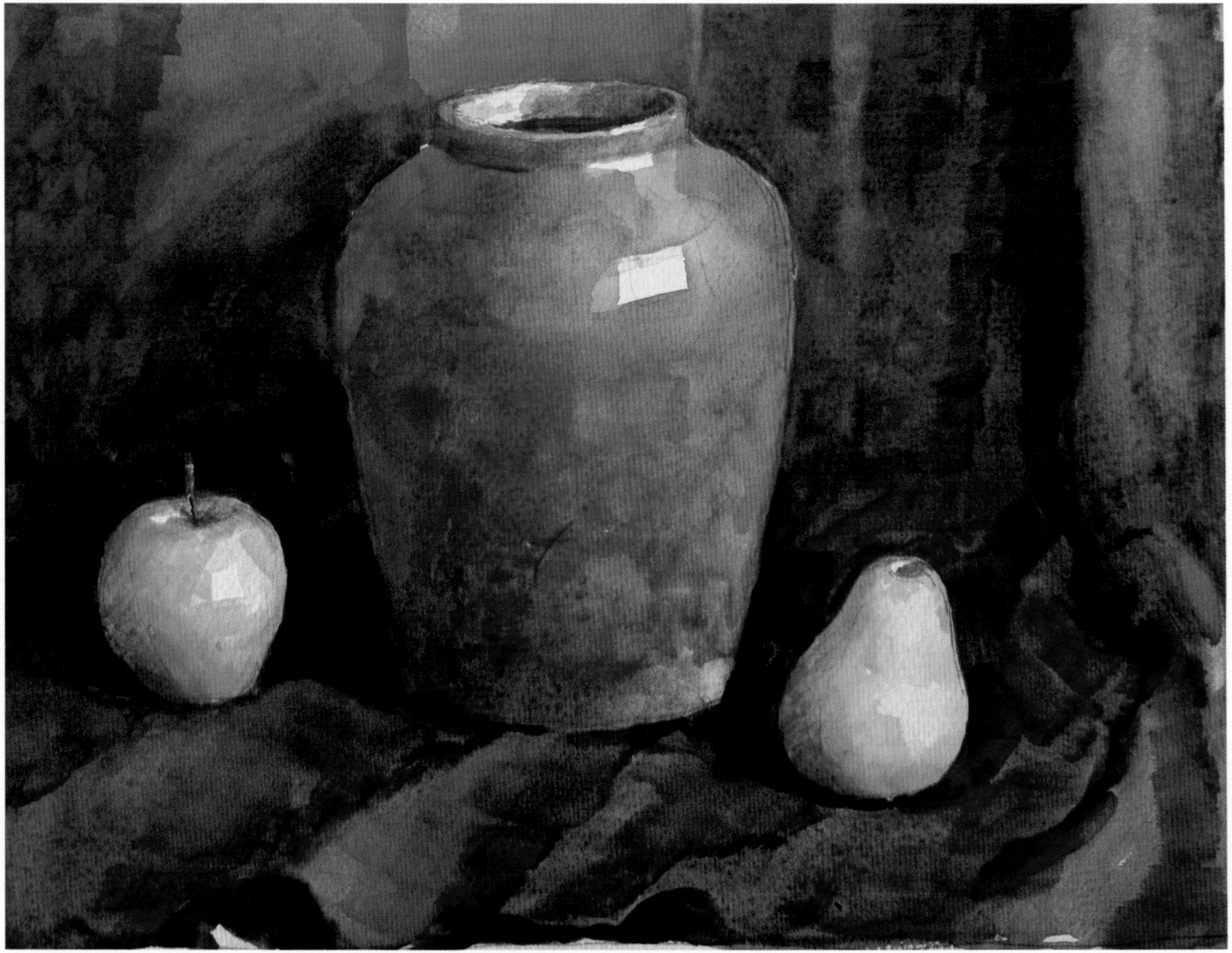

图 2-52　临摹作业 6

临摹作业 7：静物写生 5（图 2-53）

图 2-53　临摹作业 7

临摹作业 8：静物写生 6（图 2-54）

图 2-54　临摹作业 8

临摹作业 9：静物写生 7（图 2-55）

图 2-55　临摹作业 9

临摹作业 10：静物写生 8（图 2-56）

图 2-56　临摹作业 10

任务四　色彩风景训练

【任务分析】

风景画是以描绘自然景物为主的绘画，风景画通过对自然景物的描绘，反映了人与自然的关系和大自然的美，能够激发人们对生活和自然的热爱。水彩风景写生难度大、要求高，要求绘画者有较强的概括能力。学习水彩风景写生，必须结合所学的专业特点以及所学的题材和画法。学习建筑专业的学生要以各类不同形式的建筑风景作为主要题材，如民居、古建筑、现代建筑、街景和园林建筑等；学习园林设计专业的学生要以各类不同形式的自然风景和园林风景作为主要题材。

【任务目标】

（1）理解明度、冷暖、纯度在色彩静物绘画中的应用规律。
（2）掌握色调控制方法，掌握将绘画色彩与平面色彩相互转化的能力。
（3）理解色彩素描的关系及影响物体色彩的相关要素。

【任务描述】

本任务要求学生初步了解色彩的属性及水分的运用。

一、任务内容要求

（1）风景画临摹训练。
（2）风景画写生训练。

二、任务标准

（1）构图完整，图面和谐。
（2）形体准确，素描关系明确。
（3）能够准确地表现水彩风景画的色彩及空间关系。

三、工具

8 开水彩纸、铅笔、水彩笔、24 色水彩颜料、画板、调色盒、水桶。

【实例展示】

1. 风景临摹训练的步骤

步骤一：起稿。水彩画与其他画种不同，水彩画的颜料薄而剔透，不易修改。因此起稿时一定要做到心中有数，要尽量细心、准确，避免着色时不知所措。用铅笔将景物的轮廓、前后位置关系确定，要尽可能详细（图 2-57）。

图 2-57　风景临摹训练步骤一

步骤二：着色。由上而下，将天空打湿，趁湿画出天空与树的衔接（图 2-58）。

图 2-58　风景临摹训练步骤二

步骤三：将画面中部的建筑着色，注意色彩关系与冷暖变化（图 2-59）。

图 2-59　风景临摹训练步骤三

步骤四：刻画近处街道与投影，整理画面细节（图 2-60）。

图 2-60　风景临摹训练步骤四

2. 风景写生训练的步骤

步骤一：铅笔起稿，画出房屋与树的位置关系，简单标出明暗（图 2-61）。

图 2-61　风景写生训练步骤一

步骤二：用湿画法画出远处的天空和树（图 2-62）。

图 2-62　风景写生训练步骤二

步骤三：刻画画面中部的房屋与树（图 2-63）。

图 2-63　风景写生训练步骤三

步骤四：将近处的街道与细节进行调整（图 2-64）。

图 2-64　风景写生训练步骤四

【知识链接】

一、构图与景物选择

自然界的景物很繁杂，并非到处都是美丽的，也不是每个地方都能入画。在纷繁复杂的自然景物面前，必须通过必要的选择，凭借洞察力和审美意识，寻找和发现自然景物的美感因素。在选景过程中，要确定表现什么，主要景物中哪些能入画，哪些要舍去，怎样处理构图，用什么色调，用什么技法来完成，是否打底或做肌理效果。有时看似比较平常的景物，只要变换一下视点与角度，也许就会发现诱人的景色。

“取”是把能入画的景物留下来，“舍”则是把有碍美观的多余的景物去掉，景物必须有所选择。取舍时要运用归纳、整理、添加、夸张的方法对景物进行艺术处理，使画面的景物更生动、更集中、更有情趣、更具有美感。取舍的目的是使画面景物简练概括、主次分明、层次清晰、艺术性更高。

二、对比与调和

画面中的对比关系非常重要。明与暗、疏与密、动与静、冷与暖、虚与实、远与近、强与弱、浓与淡等都属于对比的范畴，恰当地利用这些因素，画面才会感人。有些画面非常平淡，其原因就是缺乏这些对比关系。在处理对比关系时，要注意整个画面需协调统一，对比不能太强烈，这样整个画面才能舒服，才会有整体感。

对比与调和，是绘画中获得美的色彩效果的一条重要原则。如果画面色彩对比杂乱，失去调和统一的关系，在视觉上就会产生不安定感，使人烦躁不悦；相反，缺乏对比因素的调和，也会使人觉得单调乏味，不能发挥色彩的感染力。对比与调和，是色彩运用中非常普遍而重要的原则。要掌握对比与调和的色彩规律，应了解对比与调和的概念和含义，以及表现方式和规律。

（1）色相对比：色环中的各种颜色可以有相邻色、类似色、中差色、对比色、互补色等多种关系。

（2）明度对比：即色彩的深浅对比，色彩的深浅关系就是素描关系。

（3）纯度对比：是指色彩的鲜明与混浊的对比。色彩的效果，是从相互对比中显示出来的。

（4）冷暖对比：色彩的冷暖感来自人的生理和心理感受的生活经历。由此，色彩要素中的冷暖对比，特别能发挥色彩的感染力。色彩的冷暖倾向是相对的，要在两个色彩相对比的情况下才能显示出来。

（5）面积对比：色彩的面积、形状、位置，在前面已提到过。它属于美术设计中构成或绘画时布局结构的相关因素。

（6）色彩调和：就是色彩性质的近似，是指有差别的、对比的，以至不协调的色彩关系，经过调配整理、组合、安排，使画面整体变得和谐、稳定和统一。调和的基本方法，主要是减弱色彩诸要素的对比强度，使色彩关系趋向近似，从而产生调和效果。

对比与调和是互为依存、矛盾统一的两个方面，是获得色彩美感和表达主题思想与感情的重要手段。在一个画面中，根据表现主题的不同要求，色调可以以对比因素为主，也可以以统一因素为主。

色彩的对比与调和原则，是色彩实践中重要而值得探讨、研究的问题。有关色彩各种形式的对比与各种方法的调和，是异常复杂的，它们表达的主题与感情也是十分广泛的。只有在真正具有色彩的基础能力后，不断地在色彩实践中举一反三，逐步深入领会色彩的对比与调和规律，才能充分发挥色彩的表现力与感染力。

三、水彩风景的表现技法

1. 干画法和湿画法

干画法是一种多层画法。用层涂的方法在干的底色上着色，不求渗化效果，比较从容地一遍遍着色，较易掌握，适于初学者。表现肯定、明晰的形体结构和丰富的色彩层次是干画法的特点。

干画法可分层涂、罩色、接色等具体方法。

（1）层涂：即颜色的重叠，着色干后再着色，一层层重叠颜色表现对象。画面中的涂色层数不一，有的地方一遍即可，有的地方需两遍、三遍或更多遍；但不宜层数过多，以免色彩灰脏失去透明感。层涂时在底色上面重叠，要能预计出底色的混合效果，这一点是不能忽略的。

（2）罩色：实际上也是一种干的重叠方法，罩色的面积大一些，譬如画面中有几块颜色不够统一，可以用罩色的方法，蒙罩上一层颜色使之统一。如果某一块颜色过暖，可罩一层冷色改变其冷暖性质。所罩之色应以较鲜明的颜色薄涂，一遍铺过，一般不要回笔，否则带起底色会把色彩搞脏。在着色的过程中和最后调整画面时，经常采用此法。

（3）接色：是指当某一颜色干后在其旁涂色，色块之间不渗化，每块颜色本身也可以湿画，增加变化。这种方法的特点是能使表现的物体轮廓清晰、色彩明快。

干画法不能只在“干”的方面做文章，画面仍需让人感到水分饱满、水渍湿痕，避免干涩枯燥。

湿画法可分湿的重叠和湿的接色两种方法。

（1）湿的重叠：将画纸浸湿或部分刷湿，未干时着色，着色未干时重叠颜色。水分、时间掌握得当，效果自然而圆润。表现雨雾气氛、湿润水汪的情趣是其特点，为某些画种所不及。

（2）湿的接色：水分未干时接色，水色流渗，交界模糊，表现柔和色彩的渐变多用此法。接色时水分含量要均匀，否则，水从多向少处冲流，易产生不必要的水渍。

画水彩大都为干画、湿画结合进行。以湿画为主的画面局部可采用干画，以干画为主的画面局部也可采用湿画；干湿结合，表现充分，浓淡枯润，妙趣横生（图 2-65）。

图 2-65　干、湿画法结合在效果图中的运用

2. 水分的掌握

水分的运用和掌握是水彩技法的要点之一。水分在画面上有渗化、流动、蒸发的特性，画水彩要熟悉“水性”。充分发挥水的作用，是画好水彩画的重要因素。

掌握水分应注意时间、空气的干湿度和画纸的吸水程度等问题。

（1）时间：采用湿画法时，时间要掌握得当，叠色太早、太湿易失去应有的形体，太晚底色将干，水色不易渗化，衔接生硬。一般在重叠颜色时，笔头含水宜少，含色要多，便于把握形体，可以使之渗化。如果重叠之色较淡时，要等底色稍干再画。

（2）空气的干湿度：画过几张水彩画之后就能体会到，在室内水分蒸发得较慢，在室外潮湿的雨雾天气中作画，水分蒸发得更慢，在这种情况下，作画用水宜少。在干燥的条件下水分蒸发较快，必须多用水，同时加快调色和作画的速度。

（3）画纸的吸水程度：要根据画纸吸水快慢相应地掌握用水量。吸水慢时用水可少，纸质松软则吸水较快，用水需增加。另外，大面积渲染晕色用水宜多，如色块较大的天空、地面和静物、人物的背景，用水饱满为宜；描绘局部和细节用水应适当减少。

3.“留白”的方法

与油画、水粉画的技法相比，水彩画技法最突出的特点就是“留白”。一些浅亮色、白色的部分，需在画一些深色时“留空”出来。水彩颜料的透明特性决定了这一作画技法，浅色不能覆盖深色，不像水粉画和油画那样可以覆盖，依靠淡色和白粉提亮。在欣赏水彩作品时稍加留意，就会发现几乎每一幅作品都运用了“留白”的技法。

恰当而准确地留白或留浅亮色，会加强画面的生动性与表现力；相反，不适当地留白，易造成画面琐碎、花乱的现象。着色之前把要留空之处用铅笔轻轻标出，关键的细节，即使是很小的点和面，都要在着色时巧妙地留出。另外，凡对比色邻接，要空出对方，分别着色，以保持各自的鲜明度。有的初学者把不必要的地方空出来，然后顺沿轮廓涂描颜色；还有的初学者把该空的地方顺沿轮廓空得很死，太刻板，失去生动感。空得准确、生动，是技巧熟练的体现。只要反复练习，就会熟能生巧。

四、色彩训练的观察方法

正确而敏锐的色彩观察力，是画好色彩画的关键。正确地观察是准确表现的前提。在画风景写生或面对一组静物时，呈现在眼前的是许多具有不同色彩的物体，要想准确、真实地把它们描绘出来，首先就要正确地观察和分析。了解色彩的特点及变化规律之后，学会正确观察色彩的方法是色彩写生中一个关键的环节，色彩观察法的正确与否直接决定着作品的成败。作画过程中常出现的一些问题，除技法造成的败笔外，更多的是来自观察判断上的失误。观察方法也是绘画者的思维方法，只有思维方法正确，才能准确地把握色彩。

正确观察色彩的方法是整体观察和反复比较。

（1）整体观察：一组错综复杂的静物在光线与环境的作用下，可呈现出物体的大小主次、色彩的冷暖明暗、前后空间虚实等，形成互相贯通、互相依存、互相连接、互相对立的整体制约关系。在这种关系中，一切局部、琐碎、偶然的物体色彩现象，都必须服从整体的要求，如：物体中出现的众多高光点，所有暗部的重颜色在这个整体中必须按照明暗顺序依次排列出来。具体的方法是：眯起眼睛，视点自然会落到主体物上，从而所有物体的高光跳跃点会依次显现出来，而最亮的只有一点，其他亮点依次减弱；在观察暗部时，可睁大眼睛观察物体暗部的重颜色，通过不断地比较，发现整体中最暗的部位，其他暗部依次减弱。

（2）反复比较：比较是观察色彩时重要的手段。严格地讲，色彩的变化是相对比较而言的，不比较就难以准确地辨别色彩的微妙变化。物体色彩的比较主要是色彩三要素的比较：一是从色相上，有冷与暖的对比、暖与暖的对比和冷与冷的对比；二是从明度上，有明与暗的对比、暗与暗的对比和明与明的对比；三是从纯度上，有纯与不纯的对比、纯与纯的对比和不纯与不纯的对比。通常把这种比较的方法称为“九比较”的方法。任何复杂多变的色彩，只有严格地按照这种方法比较，才能区别出来。

（3）错误观察色彩的方法：孤立地观察某一物体或某一色彩，往往只观察物体的某一局部，不把观察的部分与整体建立任何联系；被动地照抄局部的一些偶然现象，见红涂红，见绿涂绿，很少考虑色彩在光和环境影响下的变化。上述的观察方法使绘画作品既无色彩关系也无素描关系。

以上我们了解了正确与错误的观察方法。在训练过程中应从整体的角度出发，由此及彼、由表及里地去观察和表现色彩。

五、临摹入手，临写结合

水彩风景写生的难度很大，因此，初学时临摹一些好的作品非常必要。最好是临摹好的原作，在没有原作的情况下，可选择印刷清晰，题材和难度又能被初学者所接受和理解的水彩风景画去临摹。临摹几张水彩风景画后，再开始写生。

多画小幅的水彩风景画，一般以 16 开或 8 开画纸为宜。它们画幅虽小，气概却不凡。为了及时捕捉色调并培养色彩概括能力，提倡画 64 开或 32 开的小幅水彩风景和速写性的水彩风景，等对色调有把握后再逐渐画稍大幅的水彩风景。

【学习评价】

序号	考核项目	评分依据	评分范围	分值
1	构图	图面和谐优美，构图严谨	不符合扣分	20
2	造型	造型准确	不准确扣分	30
3	色彩	用色准确、明快，对比协调	不符合扣分	30
4	图面	图面整洁、精细，并完成全部任务	不符合扣分	10
5	学习态度	积极主动学习	学习态度表现	10
			合计	100

【课外临摹作业】

准备 8 开水彩纸，进行临摹练习。在教学过程中将定期检查直至学期末，成绩为本课程成绩的一部分。

临摹作业1：树（图2-66）

图2-66 临摹作业1

临摹作业 2：风景写生 1（图 2-67）

图 2-67　临摹作业 2

临摹作业 3：风景写生 2（图 2-68）

图 2-68　临摹作业 3

临摹作业 4：风景写生 3（图 2-69）

图 2-69　临摹作业 4

临摹作业 5：风景写生 4（图 2-70）

图 2-70　临摹作业 5

临摹作业6：风景写生5（图2-71）

图2-71　临摹作业6

临摹作业 7：校园写生 1（图 2-72）

图 2-72　临摹作业 7

临摹作业 8：校园写生 2（图 2-73）

图 2-73　临摹作业 8

临摹作业 9：校园写生 3（图 2-74）

图 2-74　临摹作业 9

项目三　速写基础能力训练

【项目引言】

速写是训练造型表现能力的一种手段，敏感地捕捉对象和准确地表现对象是速写的首要任务。速写既是一门学习造型艺术的表现技艺，也是一种提高文化和艺术修养的表现语言。速写对于从事美术和艺术设计的人来说，是其一生都不可缺少的一部分。园林专业的学生画速写，重在造型能力，面对景物能够把对象表现得较为完整；速写作为一种表达工具，是今后做设计时画徒手表现图的基础。园林专业的学生需要在具备一定造型能力的基础上，注重不同的表现方法和画面的整体氛围。从绘画表现到设计表现，速写的表达是激情的，是形象的，感性与理性并存。不同的专业方向有不同的专业要求，但是造型能力作为专业基础，速写是必不可少的。做设计时，先要画设计草图，此时园林设计师需用徒手画的方式把构想表达出来，再去做进一步的设计构思。因此，速写的学习与训练是十分必要的。

学习目标

本项目要求学生掌握速写的基础知识、基本技能，能够准确、生动、深刻地表现对象。

任务一　速写基本功训练

【任务分析】

通过基本线条和透视练习，控制好笔头线条，在线条练习中提高速写。无须画那些枯燥无味的死板线，总结出适合自己的速写线条和作画技巧。

【任务目标】

掌握速写线条的表现方法、对线条的控制能力和速写透视能力。

【任务描述】

本任务要求学生初步了解速写线条和简单的形体透视。

一、任务内容要求

（1）线条训练。

（2）透视训练。

二、任务标准

（1）构图完整，图面和谐。

（2）线条干脆、松弛、熟练。

（3）透视准确。

三、工具

铅笔、针管笔、速写纸（速写本）。

【实例展示】

1. 线条练习的方法

（1）横线条练习：线条尽可能长且放松，起收笔尽可能在同一垂线上（图 3-1）。

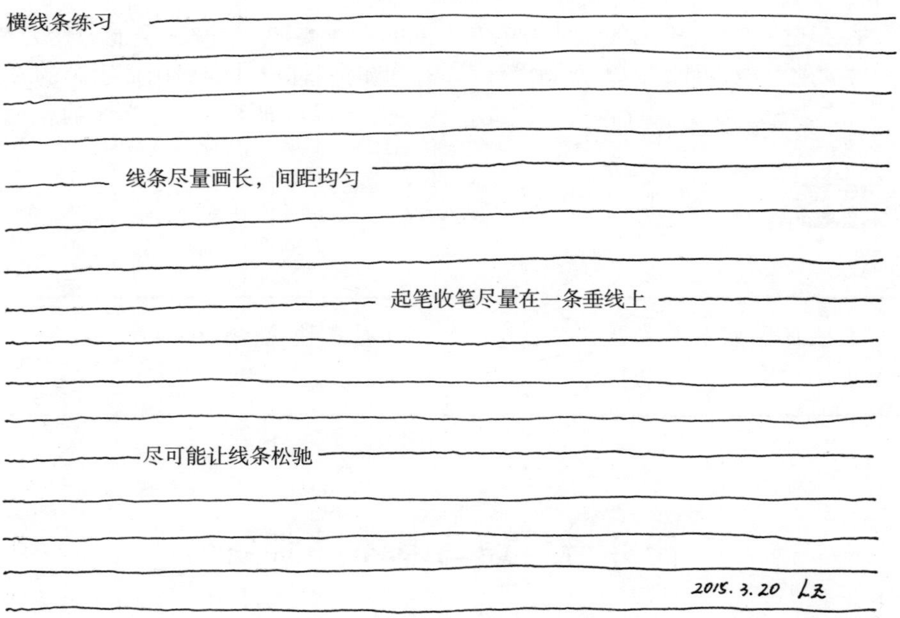

图 3-1　横线条练习

（2）竖线条练习：线条大方向要对，间隔均匀，学会掌控线条（图 3-2）。

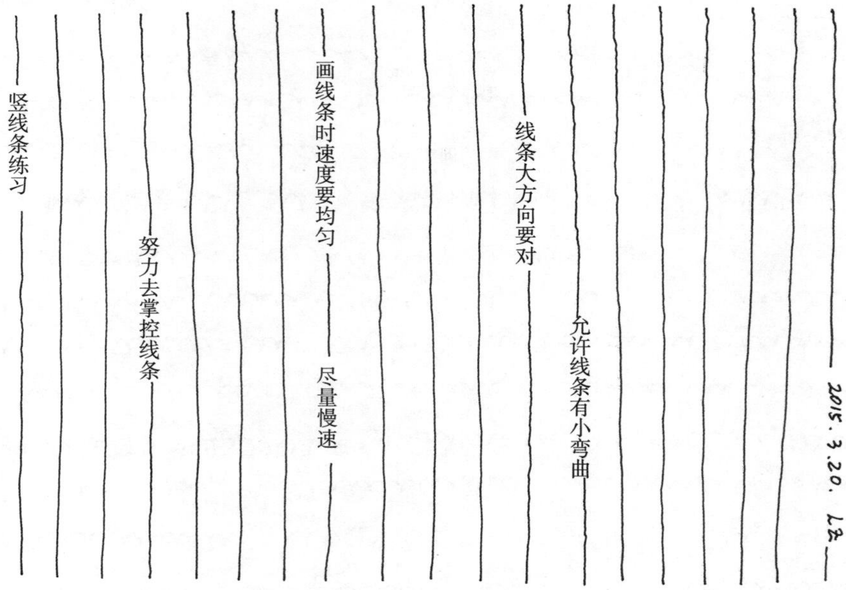

图 3-2　竖线条练习

（3）斜线条练习：注意画面构图，线条放松，要签上日期和名字（图 3-3）。

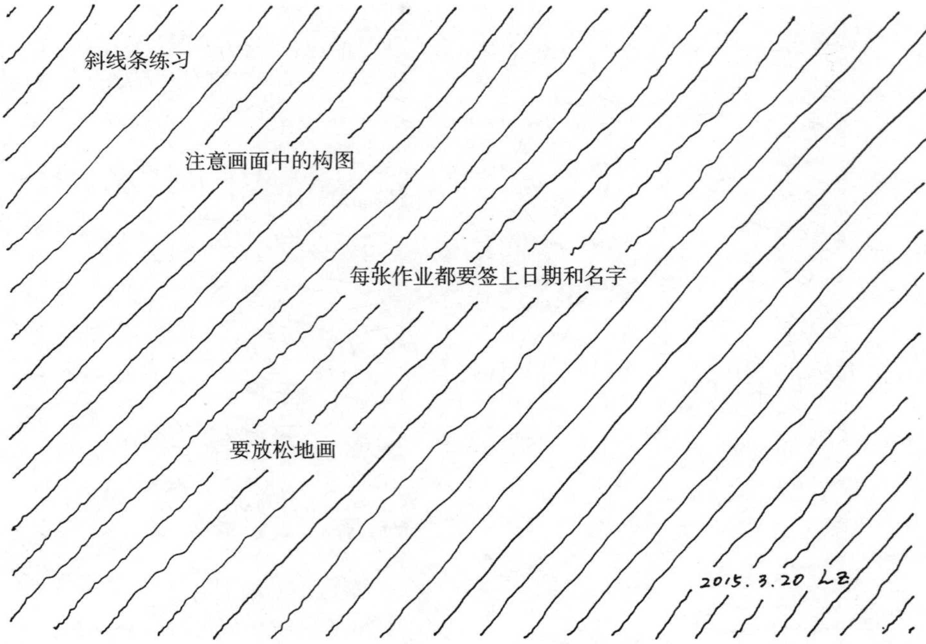

图 3-3　斜线条练习

（4）曲线条练习：画小曲线时要有耐心，速度要慢、稳、匀（图 3-4）。画大曲线时，要注意曲线弧度一致（图 3-5）。

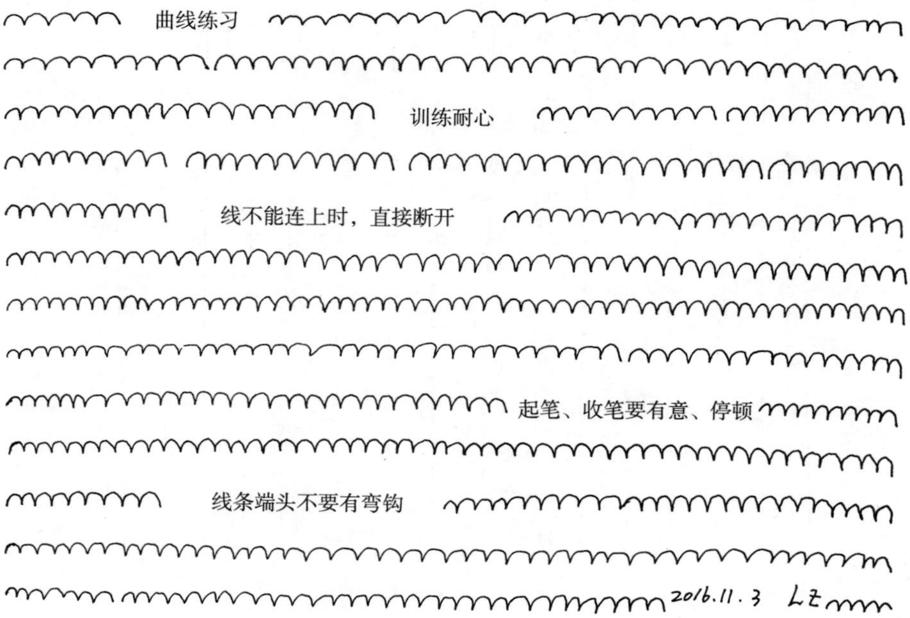

图 3-4　小曲线练习

图 3-5　大曲线练习

（5）交叉线练习：交叉线一定要大胆出头（图 3-6）。

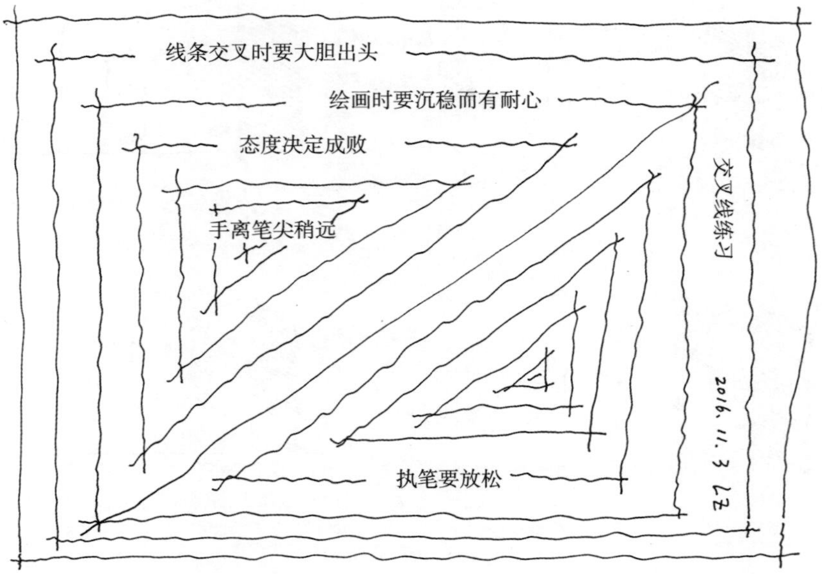

图 3-6　交叉线练习

2. 透视练习的方法

体块加减练习：在一个大体块上增加或扣除形体，注意增加或扣除的形体要与原体块的透视线和消失点保持一致。确定光源面，画上阴影部分。通常将面积较大的面设为受光面（图 3-7、图 3-8）。

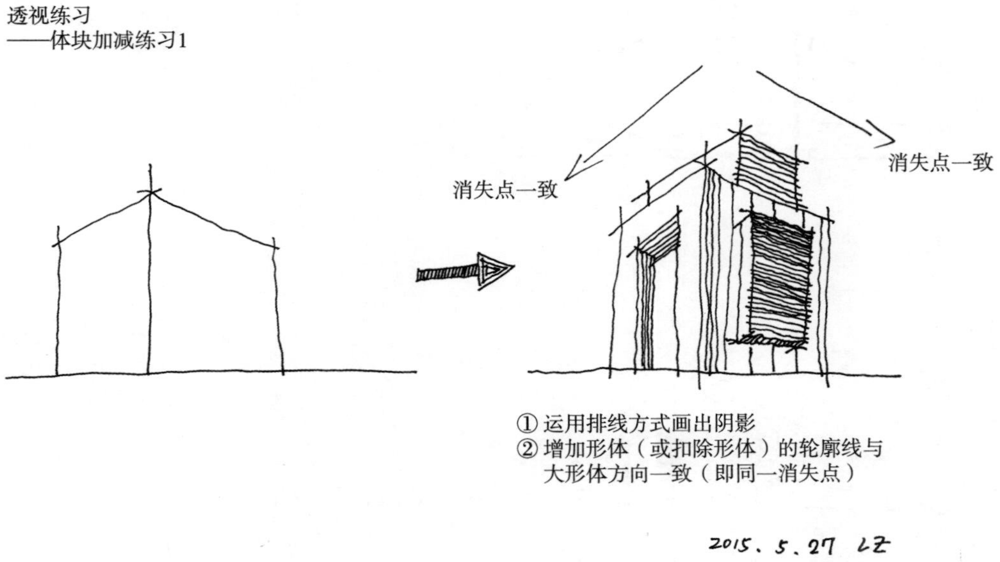

图 3-7　体块加减练习（1）

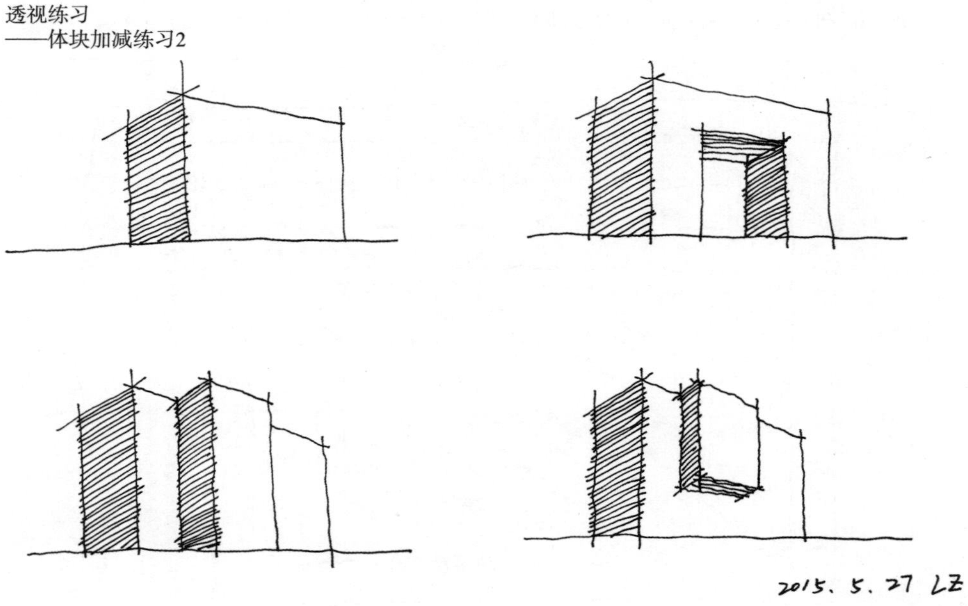

图 3-8　体块加减练习（2）

【知识链接】

速写的快速透视：将地平线与视平线合一；将消失点扩大到同一张纸面范围内。由于人的身高与建筑的高度相差悬殊，故忽略不计，所以将地平线与视平线合一（图 3-9）。

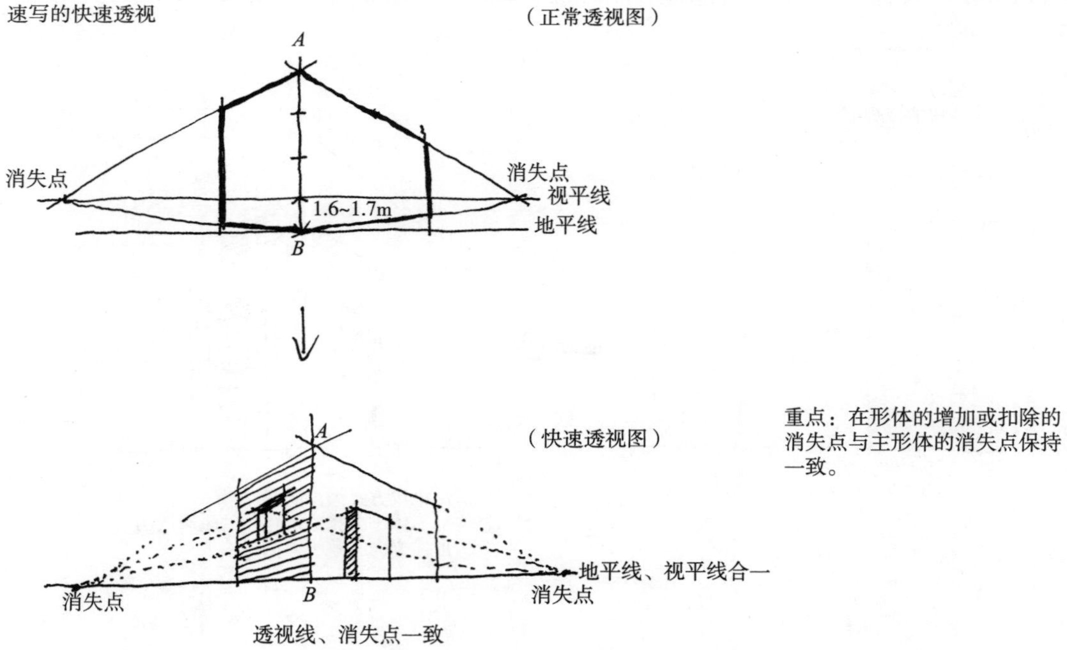

图 3-9　速写的快速透视

【学习评价】

序号	考核项目	评分依据	评分范围	分值
1	构图	图面和谐优美，构图严谨	不符合扣分	20
2	线条	松弛、流畅、自信	不符合扣分	40
3	图面	图面整洁、精细，并完成全部任务	不符合扣分	20
4	学习态度	积极主动学习	学习态度表现	20
			合计	100

【课外临摹作业】

准备速写纸，进行临摹练习。在教学过程中将定期检查直至学期末，成绩为本课程成绩的一部分。

临摹作业 1：线条练习。横线、竖线、斜线、曲线、交叉线各 10 张，要求线条放松（图 3-10）。

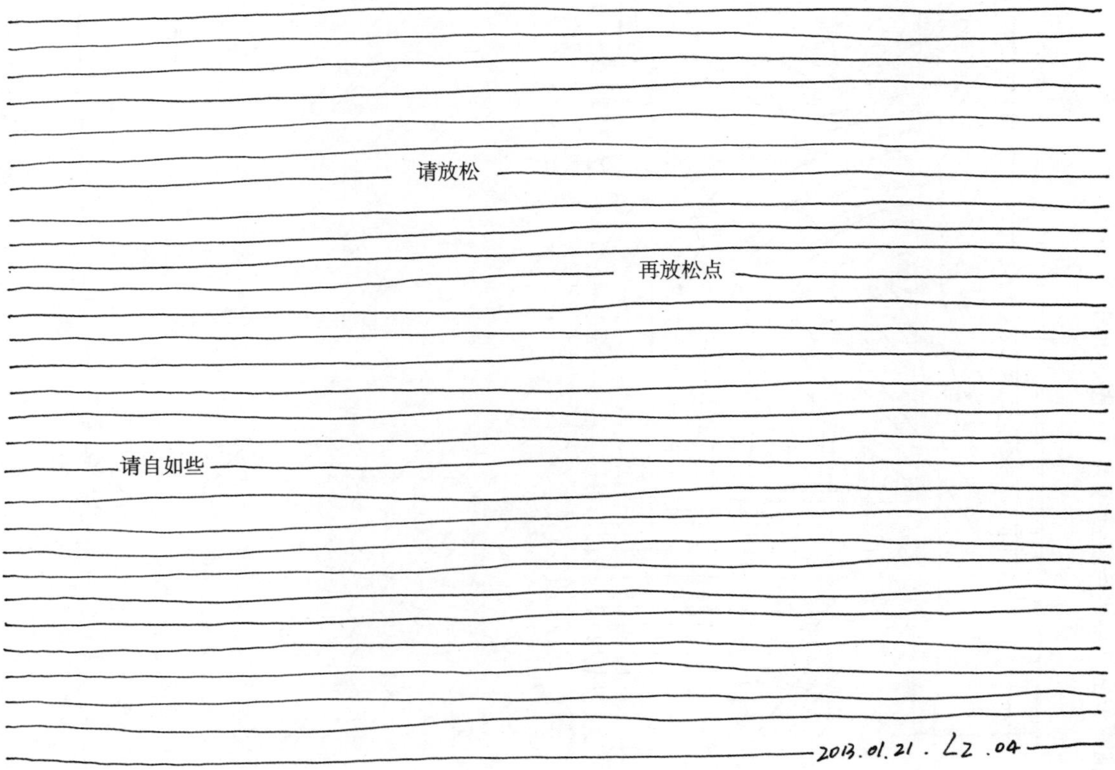

图 3-10　临摹作业 1

临摹作业 2：线条组合练习 1（图 3-11）

图 3-11　临摹作业 2

临摹作业 3：线条组合练习 2（图 3-12）

图 3-12　临摹作业 3

临摹作业 4：实物线条训练 1（图 3-13）

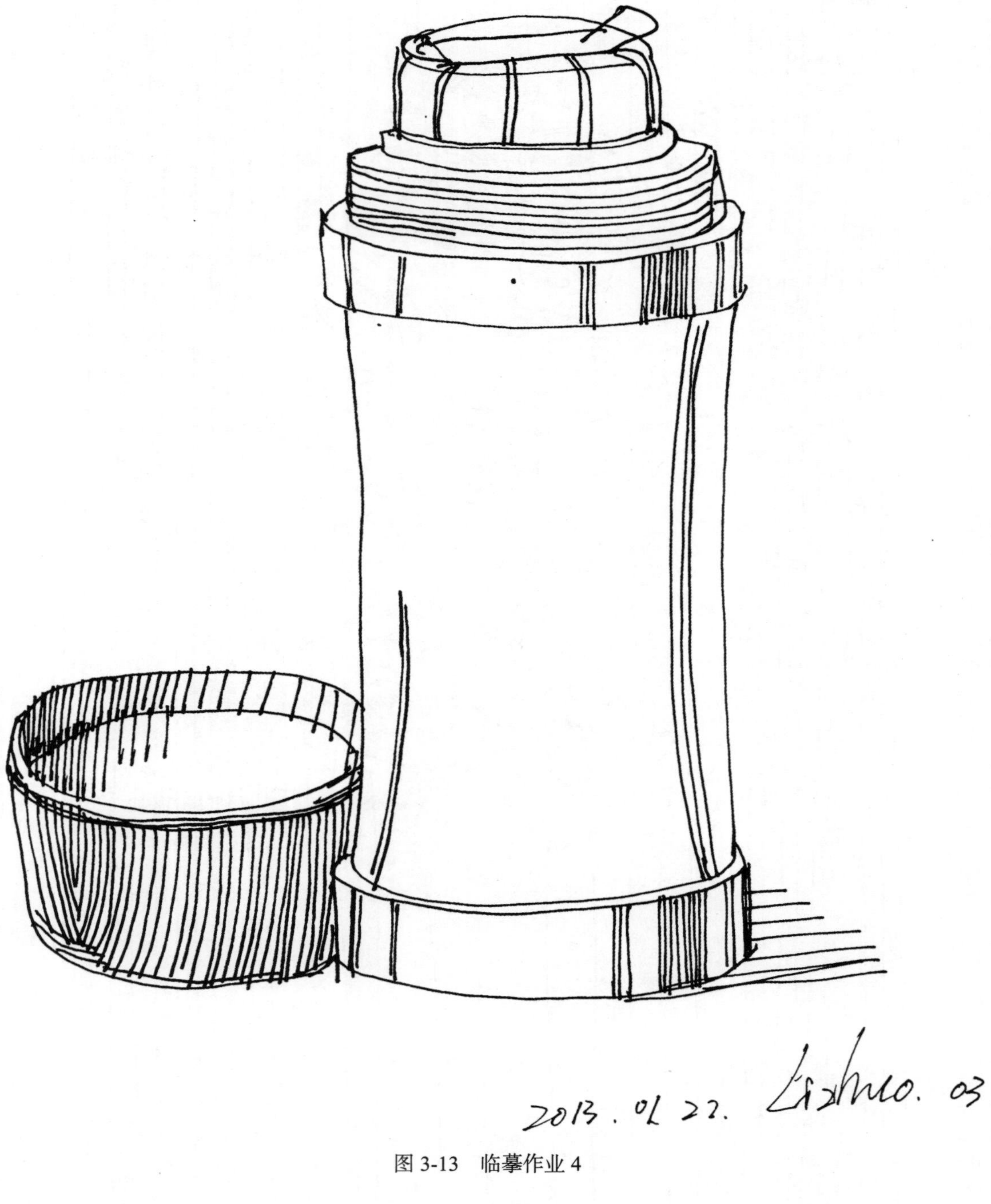

图 3-13　临摹作业 4

临摹作业 5：实物线条训练 2（图 3-14）

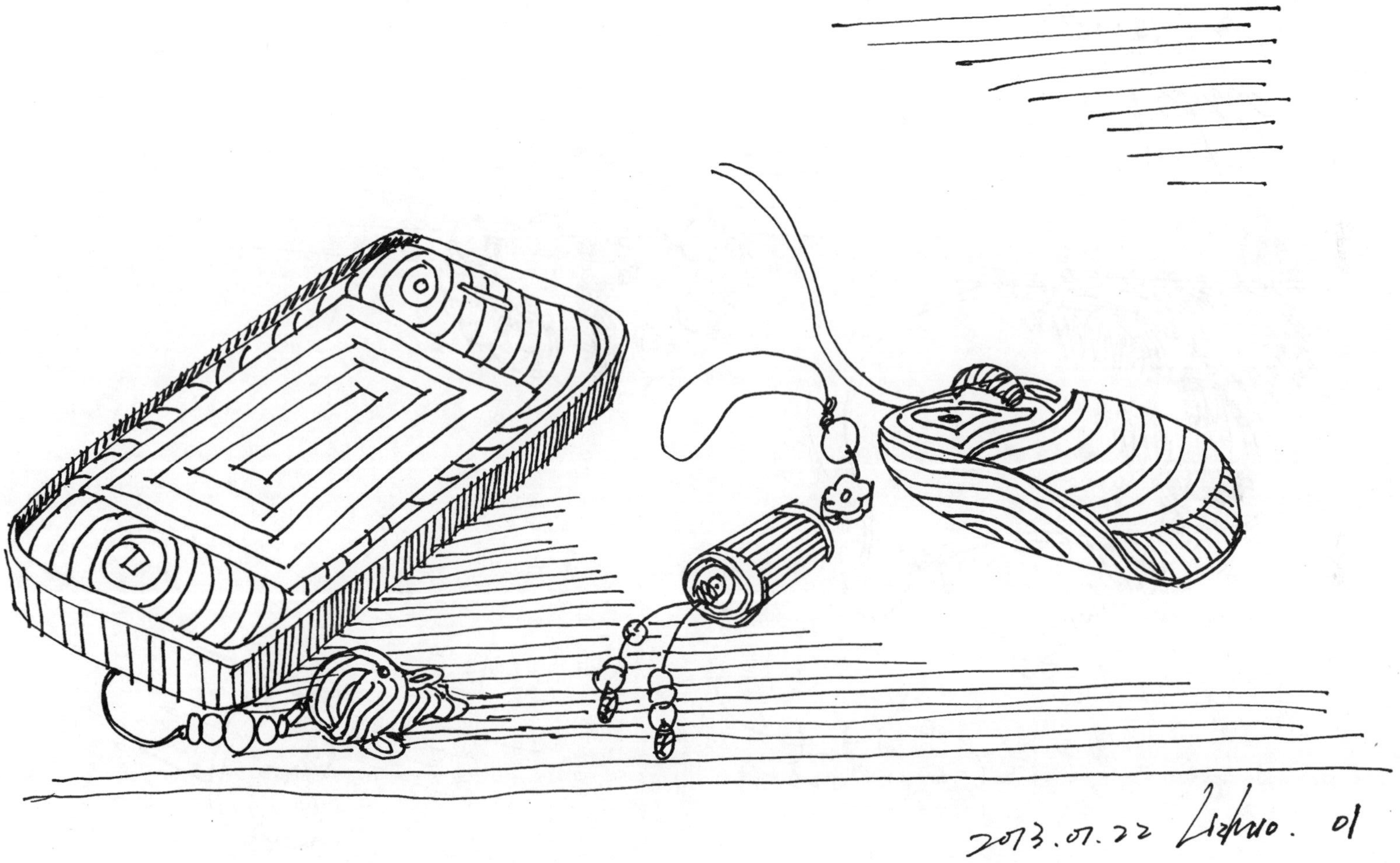

图 3-14　临摹作业 5

临摹作业 6：实物线条训练 3（图 3-15）

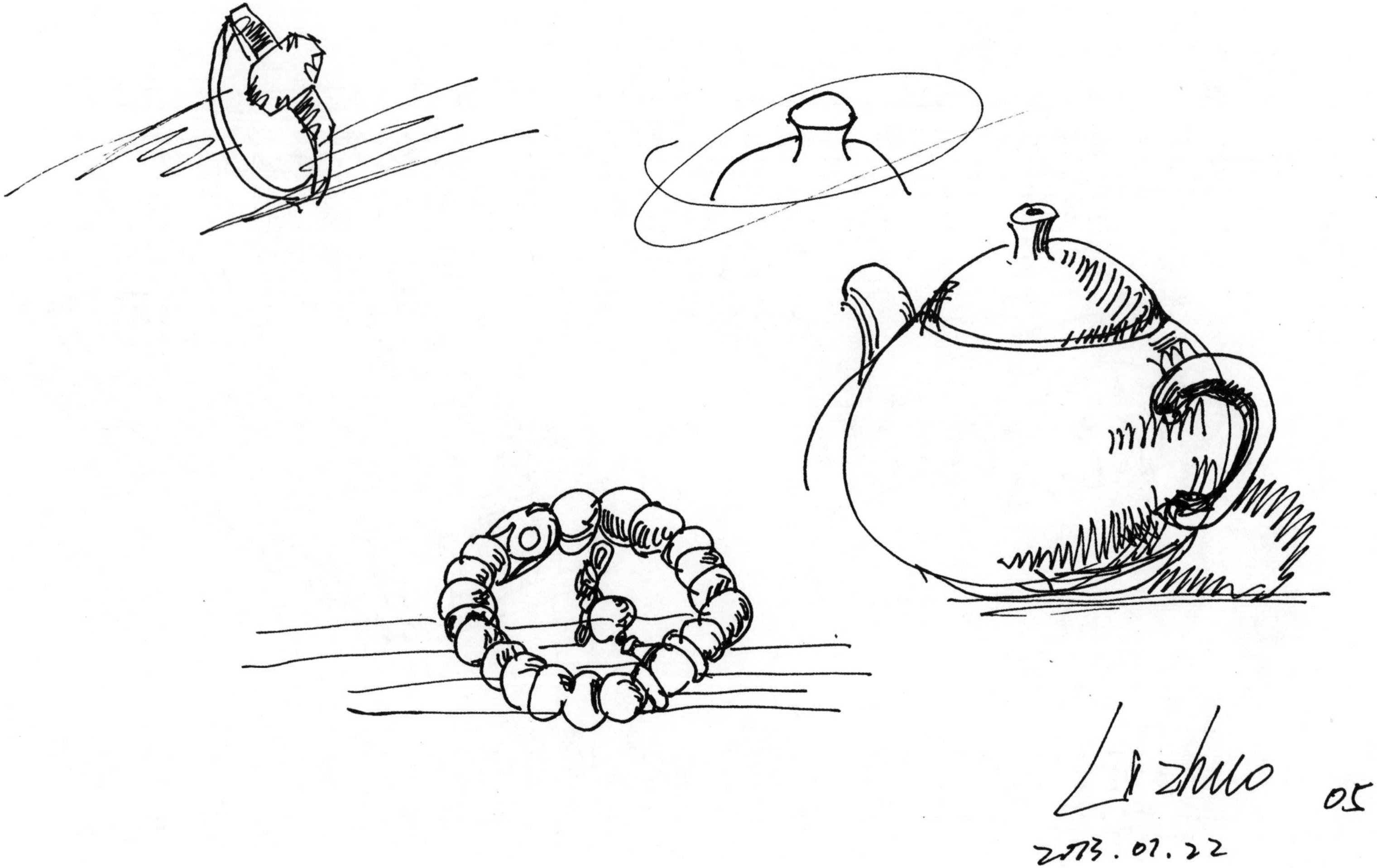

图 3-15　临摹作业 6

临摹作业 7：实物线条训练 4（图 3-16）

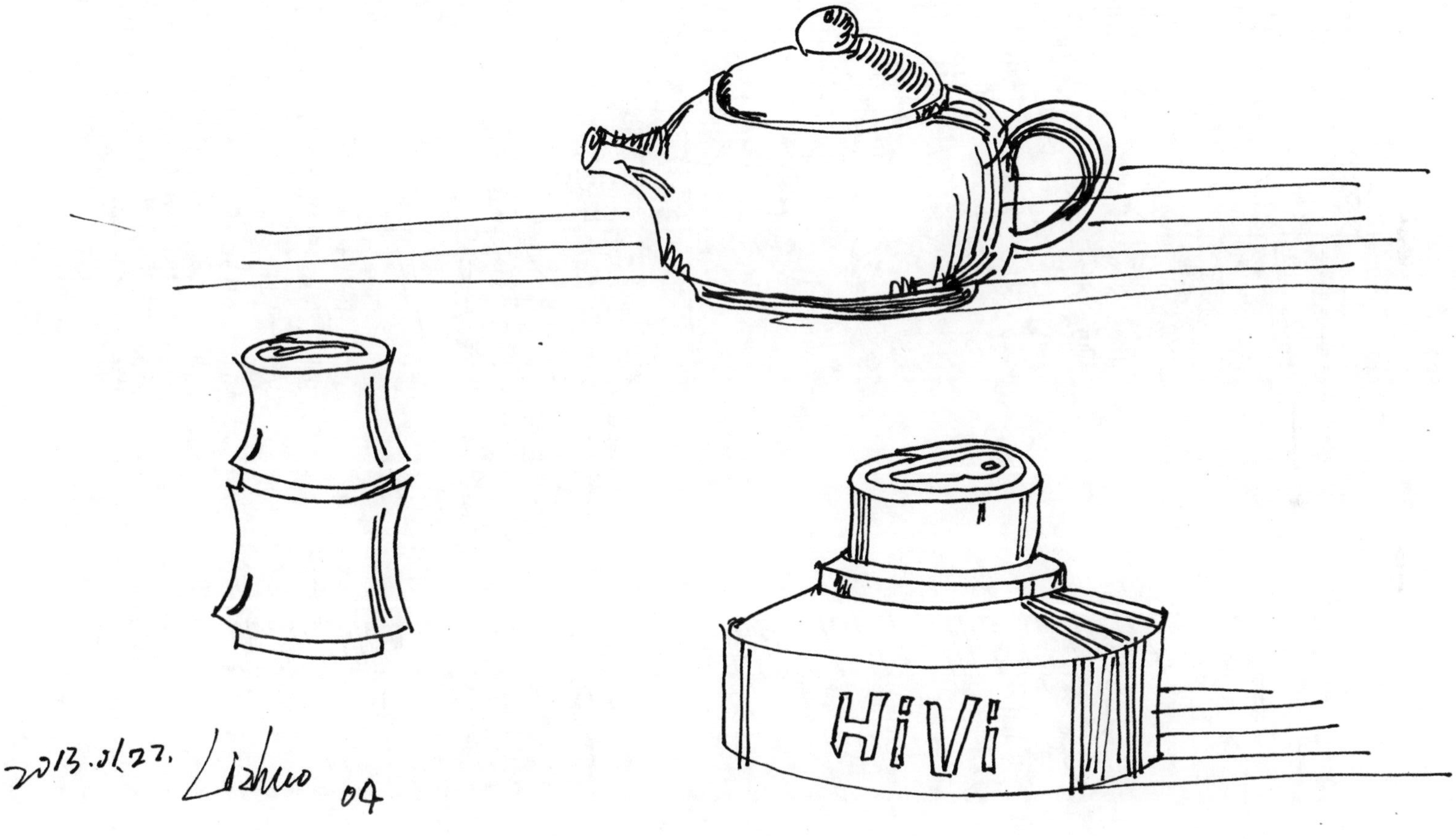

图 3-16　临摹作业 7

临摹作业 8：实物线条训练 5（图 3-17）

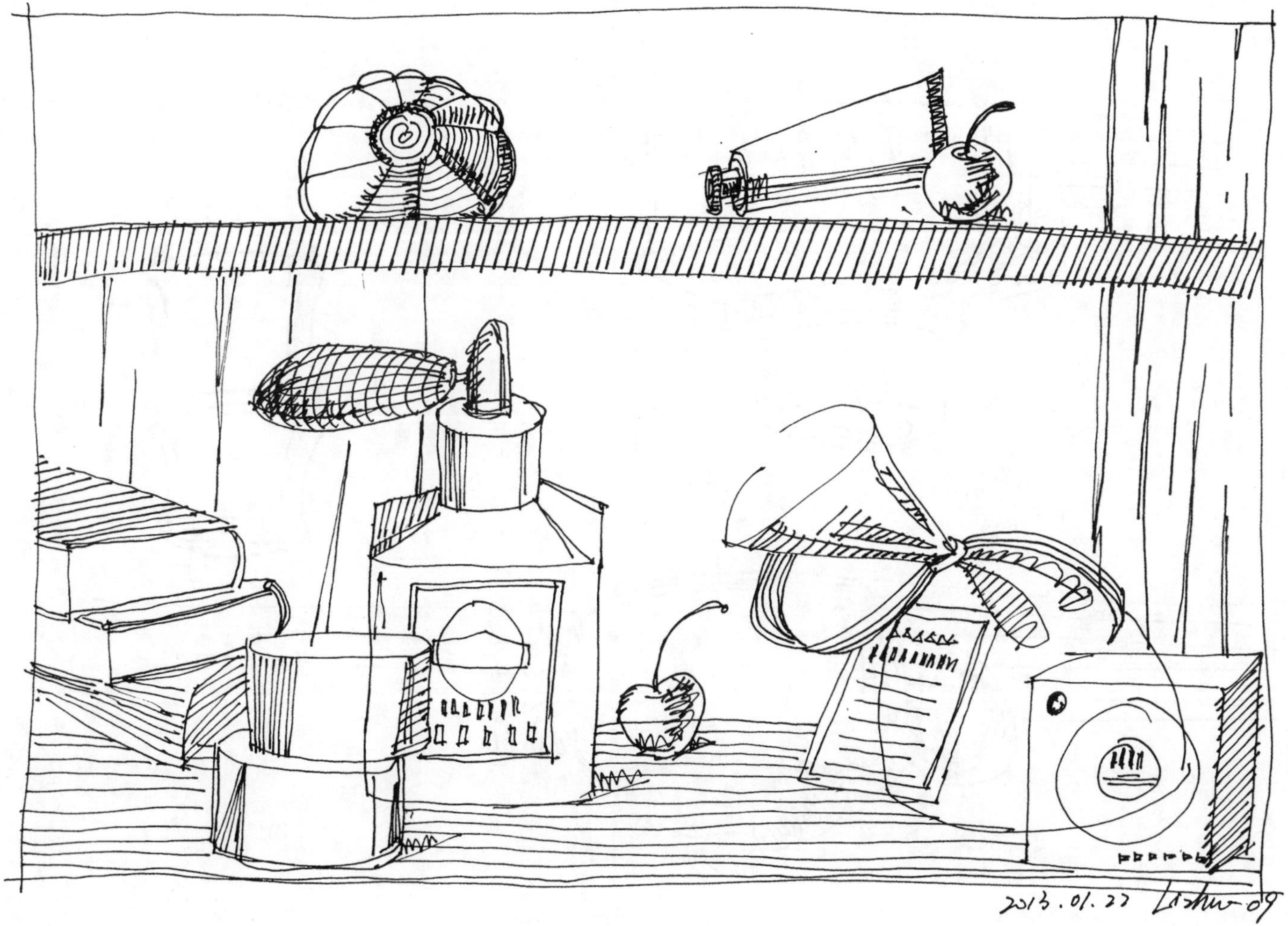

图 3-17　临摹作业 8

临摹作业 9：体块加减训练 1（图 3-18）

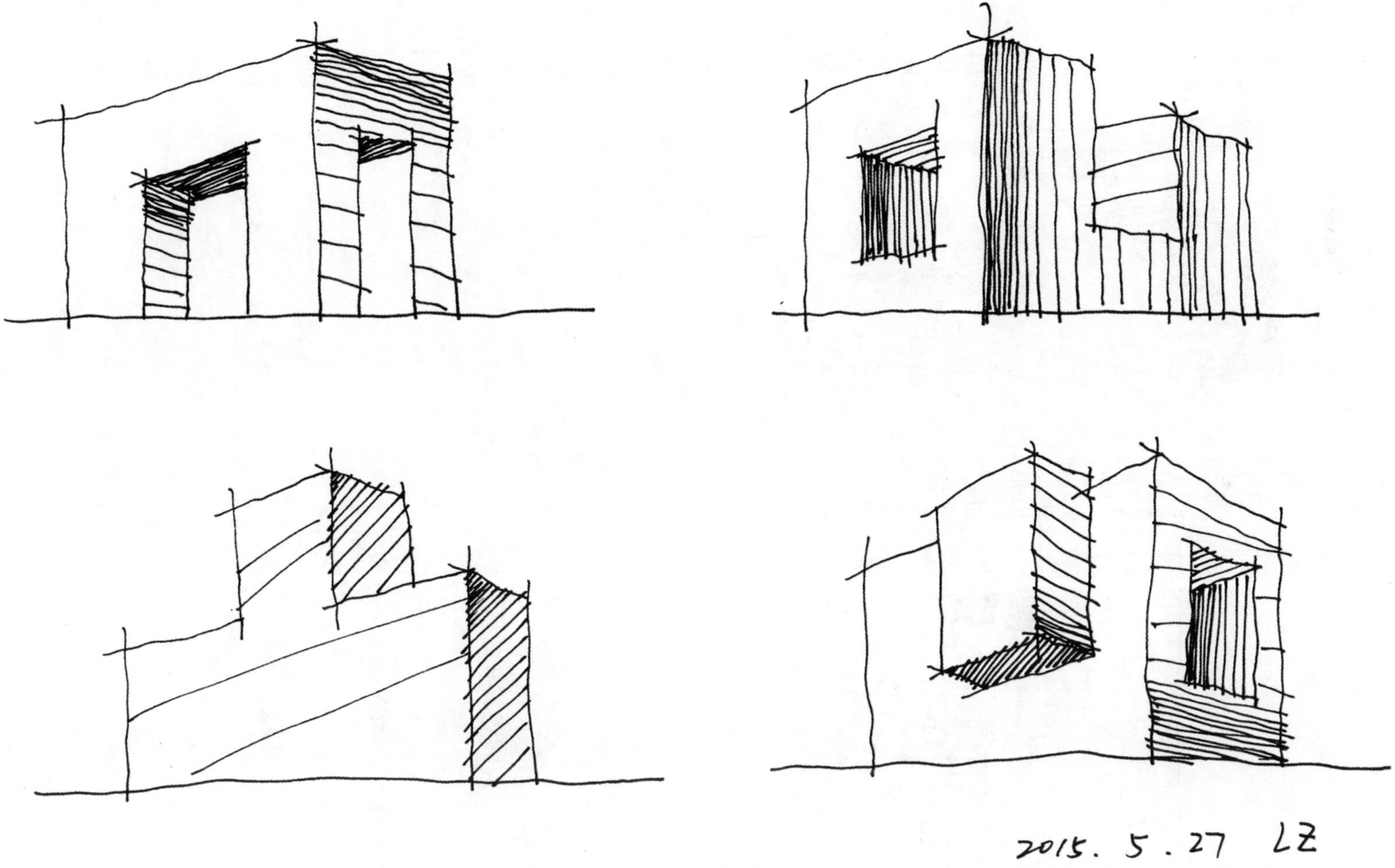

图 3-18 临摹作业 9

临摹作业 10：体块加减训练 2（图 3-19）

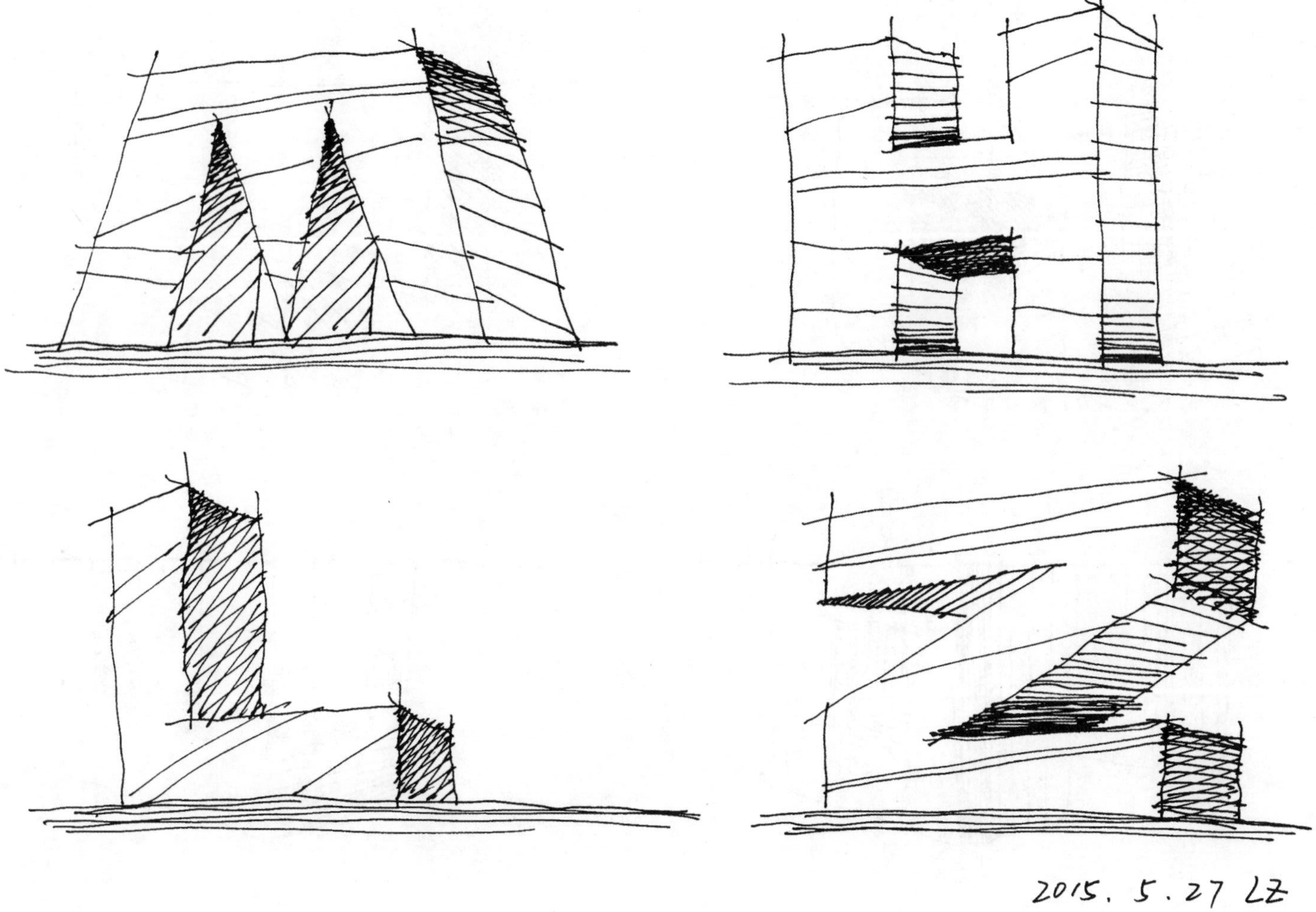

图 3-19 临摹作业 10

临摹作业 11：体块加减训练 3（图 3-20）

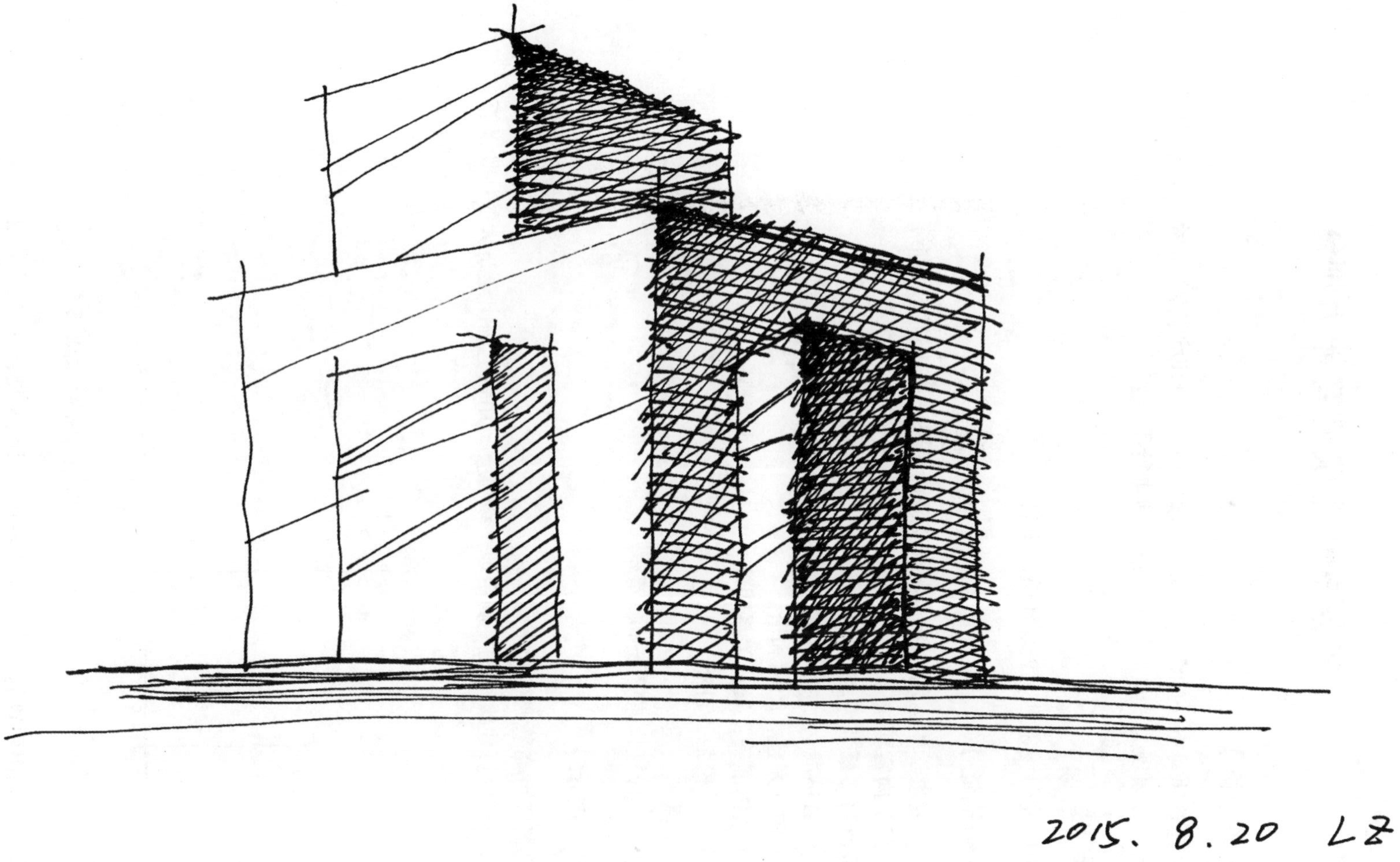

图 3-20　临摹作业 11

任务二　建筑速写能力训练

【任务分析】

通过建筑速写方法的练习可以帮助学生在将来的设计工作中做到思维灵活，并能激发学生的创造力和表现力，从而系统、形象地进行手绘表达。

【任务目标】

运用单纯的线条迅速表现建筑的形态。

【任务描述】

本任务要求学生运用熟练的线条及透视知识完成建筑速写训练。

一、任务内容要求

建筑速写临摹训练。

二、任务标准

（1）构图完整，图面和谐。

（2）形体准确，素描关系明确。

（3）线条松弛、自然。

三、工具

铅笔、针管笔、速写纸（速写本）。

【实例展示】

1. 建筑速写临摹训练的步骤

步骤一：分析建筑结构，确定地平线位置，用铅笔画出建筑大的体块关系（图 3-21）。

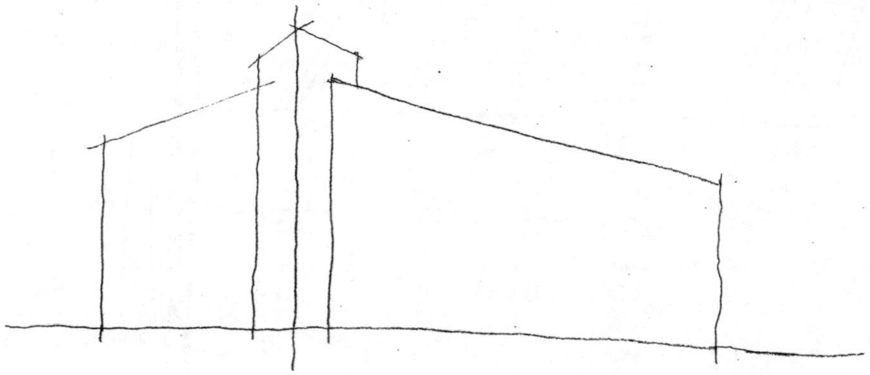

图 3-21　建筑速写临摹训练步骤一

步骤二：画出建筑的轮廓，线条要肯定且交叉要出头（图 3-22）。

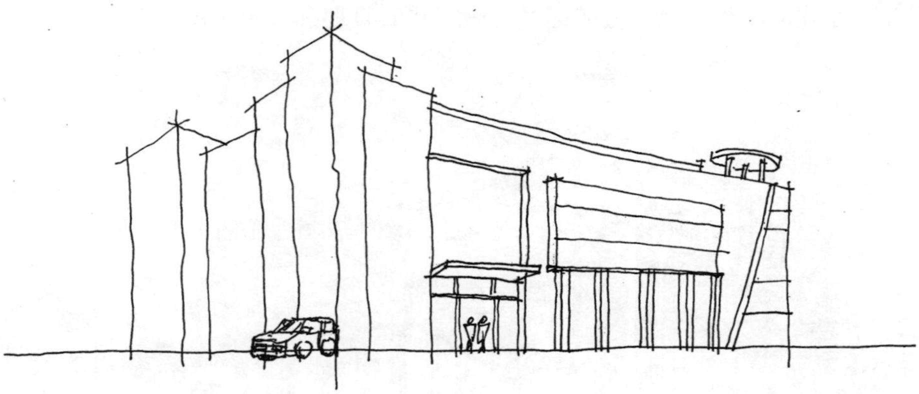

图 3-22　建筑速写临摹训练步骤二

步骤三：填充纹理，如墙面、玻璃、格子等（图 3-23）。

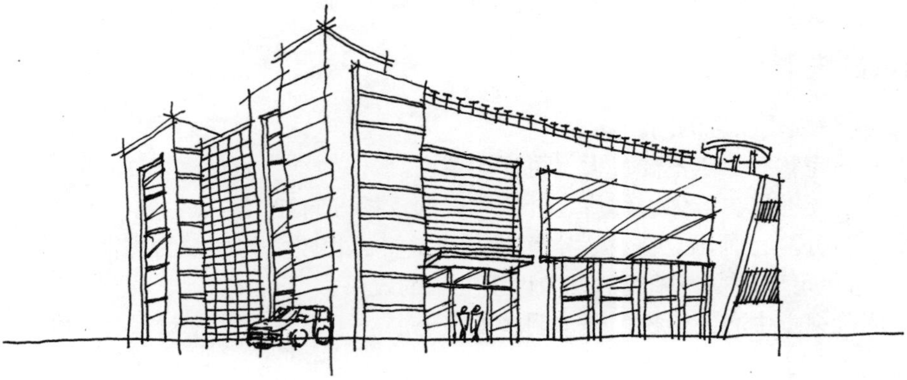

图 3-23　建筑速写临摹训练步骤三

步骤四：确定光源，区分明暗，阴影重过底面，底面重过侧面（图 3-24）。

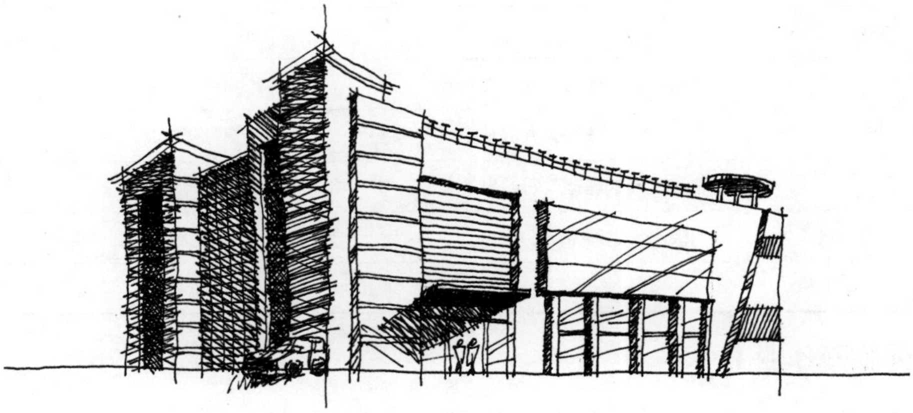

图 3-24　建筑速写临摹训练步骤四

步骤五：处理地面和配景，完成速写。一定要有日期和签名（图 3-25）。

图 3-25　建筑速写临摹训练步骤五

【知识链接】

画一张速写画要注意的问题如下。

（1）构图完整，一定不要过大，可适当留白。

（2）透视要准确，形体、体块、外轮廓线的透视方向和消失点一定要一致。

（3）明暗分清，画出立体感、空间感。通常将面积较大的面设为亮面，暗面要以突出形体关系为主，可以用变换排线的方向做出推晕的效果。

（4）明确视觉中心，对比加强（明暗加强）。

【学习评价】

序号	考核项目	评分依据	评分范围	分值
1	构图	图面和谐优美，构图严谨	不符合扣分	20
2	透视	透视准确	不准确扣分	20
3	线条	线条流畅、娴熟，有专业特点	不符合扣分	20
4	图面	图面整洁、精细，并完成全部任务	不符合扣分	10
5	表达	表达正确、规范，符合制图要求	不符合扣分	20
6	学习态度	积极主动学习	学习态度表现	10
			合计	100

【课外临摹作业】

准备速写纸，进行临摹练习。在教学过程中将定期检查直至学期末，成绩为本课程成绩的一部分。

临摹作业 1（图 3-26）

图 3-26　临摹作业 1

临摹作业 2（图 3-27）

图 3-27　临摹作业 2

临摹作业 3（图 3-28）

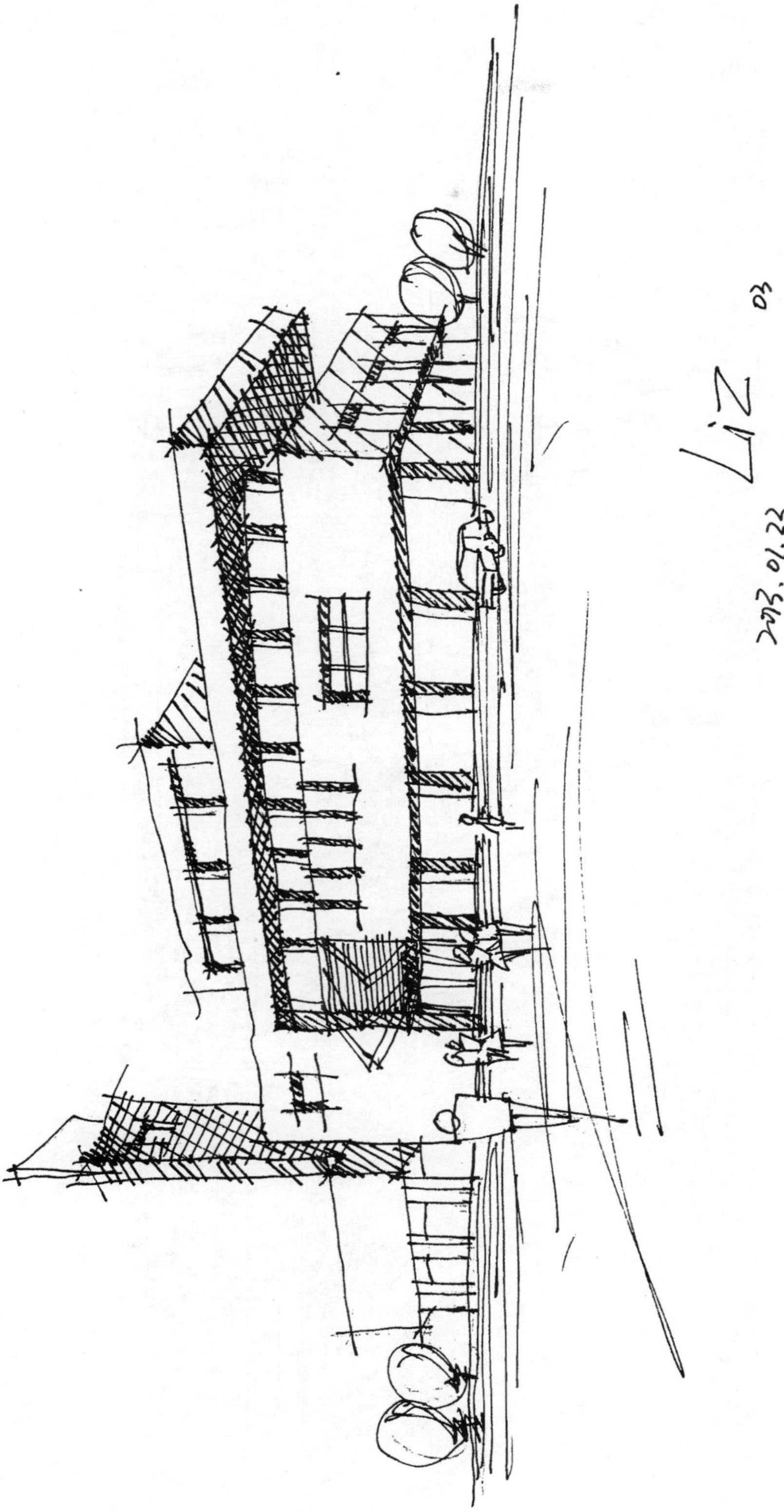

图 3-28　临摹作业 3

临摹作业 4（图 3-29）

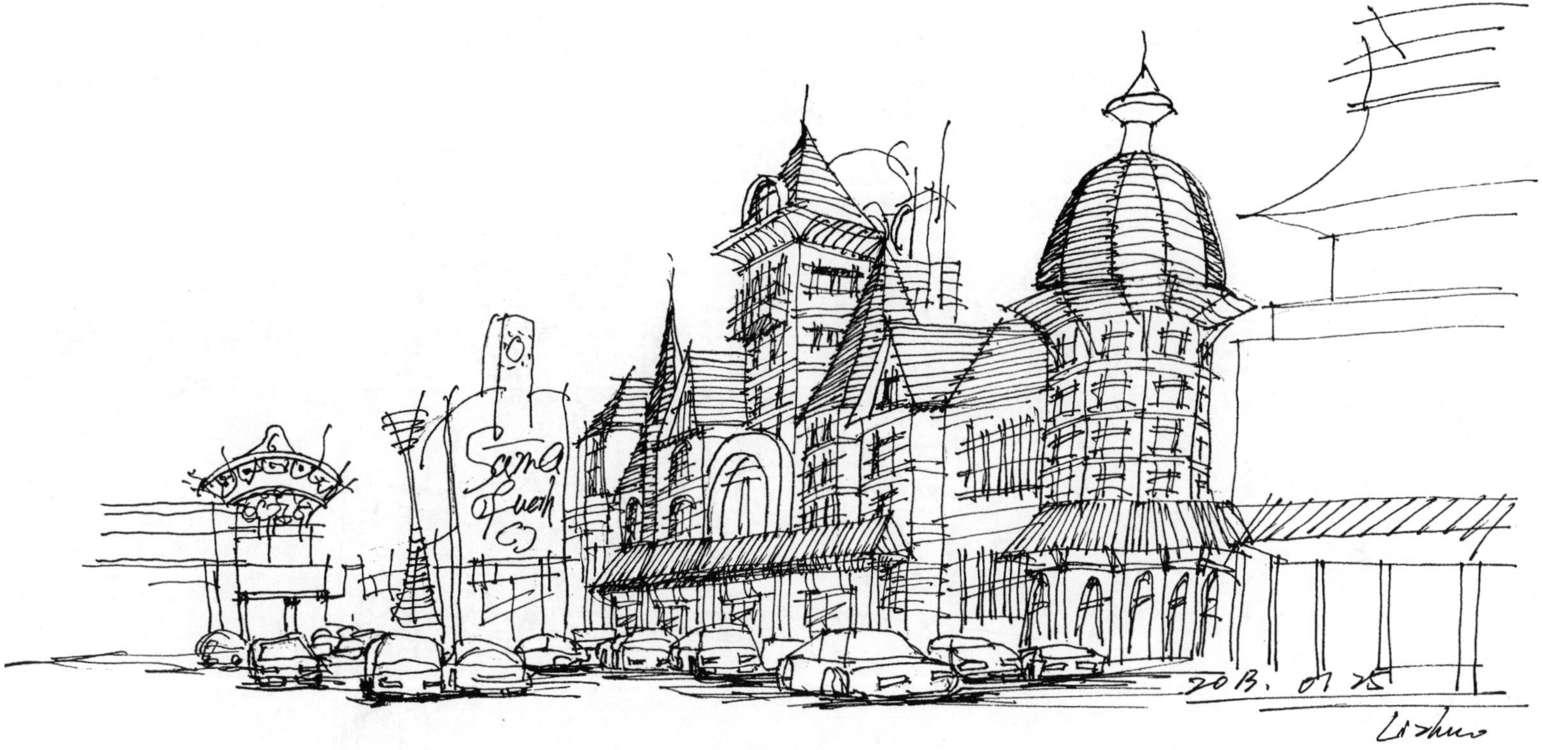

图 3-29　临摹作业 4

临摹作业 5（图 3-30）

图 3-30　临摹作业 5

临摹作业 6（图 3-31）

图 3-31　临摹作业 6

临摹作业 7（图 3-32）

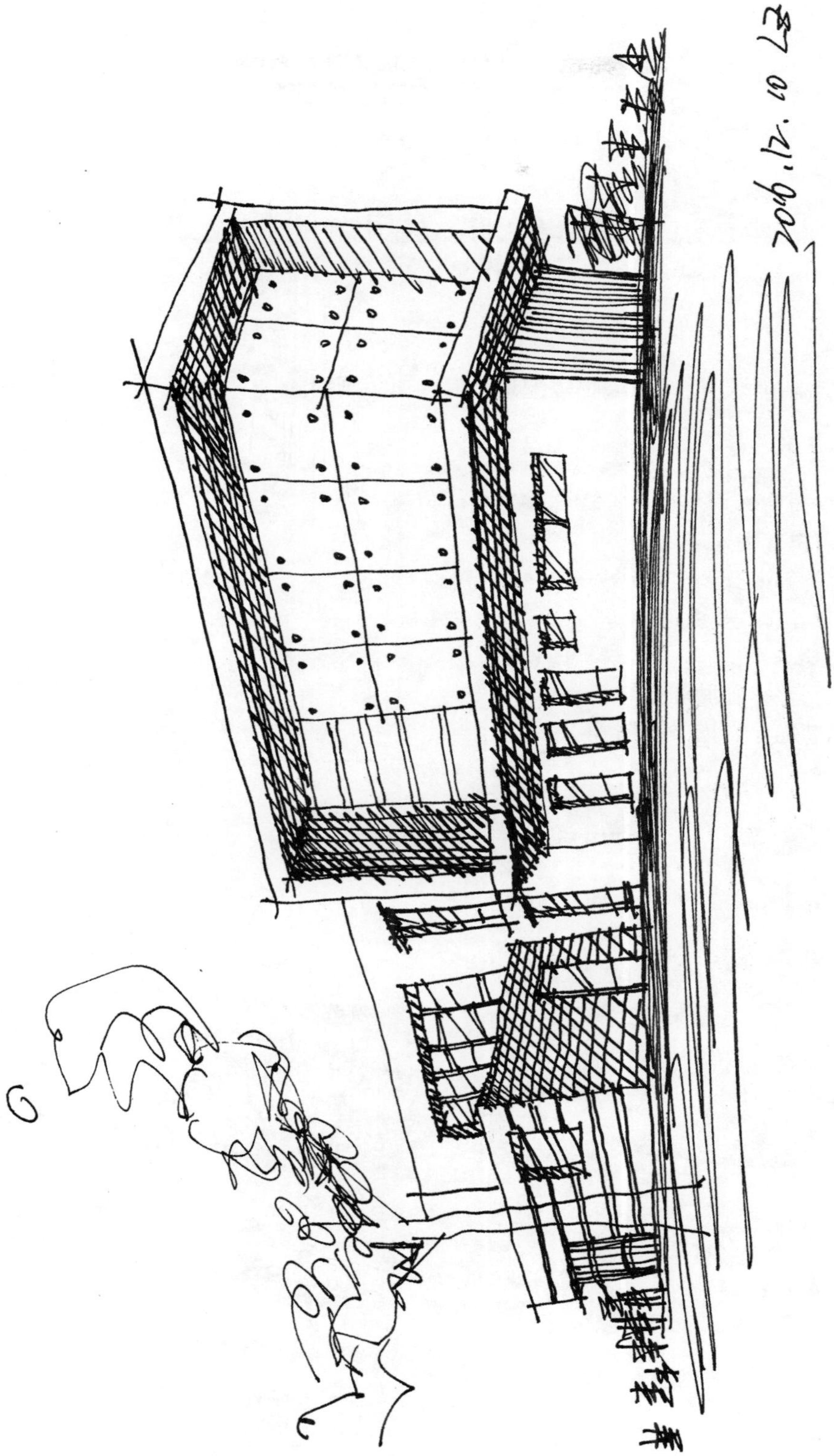

图 3-32　临摹作业 7

任务三 速写配景训练

【任务分析】

速写画中的配景主要为植物、汽车、人物。通过对它们的练习达到完善画面、美化作品的作用。

【任务目标】

运用线条绘制植物、汽车、人物等配景，完善速写画面。

【任务描述】

本任务主要为植物、汽车、人物等配景的练习。

一、任务内容要求

（1）植物速写训练。

（2）人物、汽车速写训练。

二、任务标准

（1）构图完整，画面和谐。

（2）形体准确，素描关系明确。

（3）线条熟练。

三、工具

铅笔、针管笔、速写纸（速写本）。

【实例展示】

1. 植物速写训练（图 3-33~ 图 3-35）

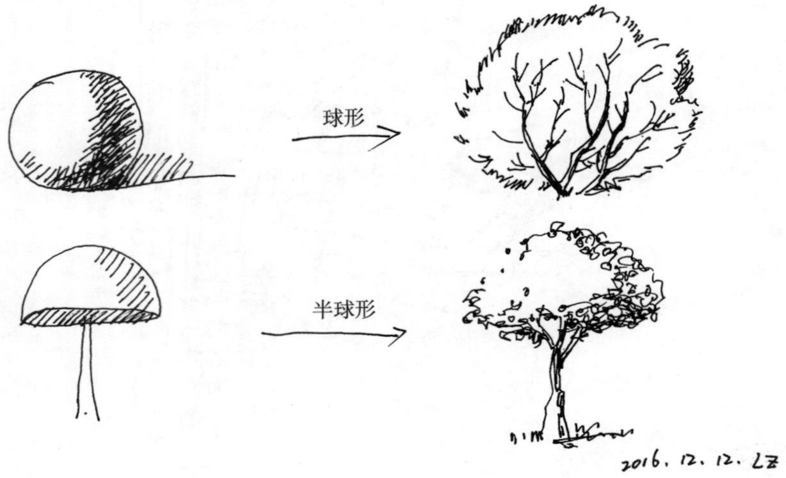

图 3-33 植物速写训练 1

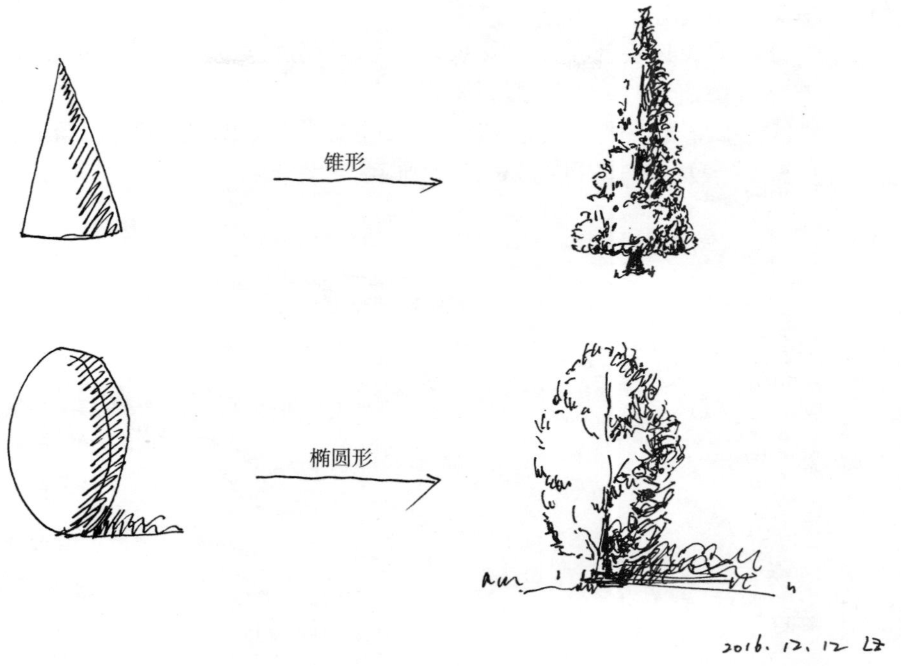

图 3-34　植物速写训练 2

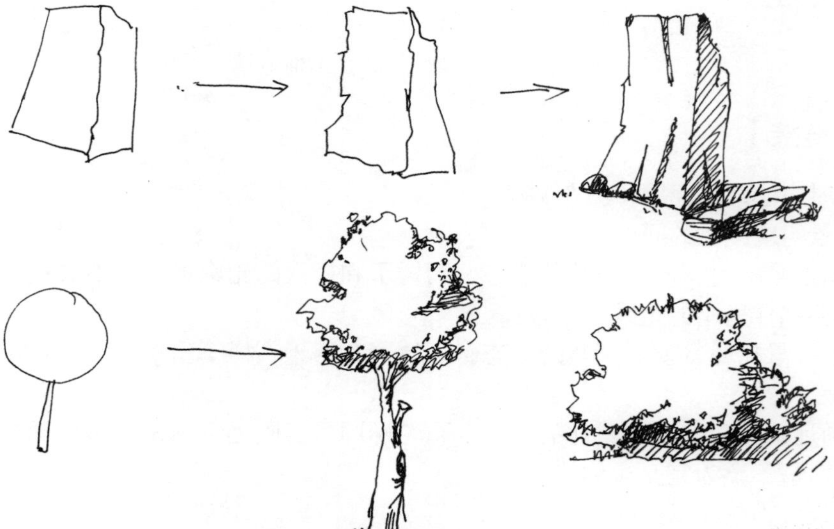

图 3-35　植物速写训练 3

2. 人物、汽车速写训练（图 3-36）

（1）人物配景：①人物头部要小。②人可以画得稍胖。③人物最好成组出现，一般 2~3 人一组。④忽略人物细节，突出轮廓、形态即可。

（2）汽车配景：①主要抓外形，线条要少。②主要画汽车的风窗玻璃、车灯、保险杠、发动机盖、车轮。③一般从汽车的风窗玻璃开始画起。

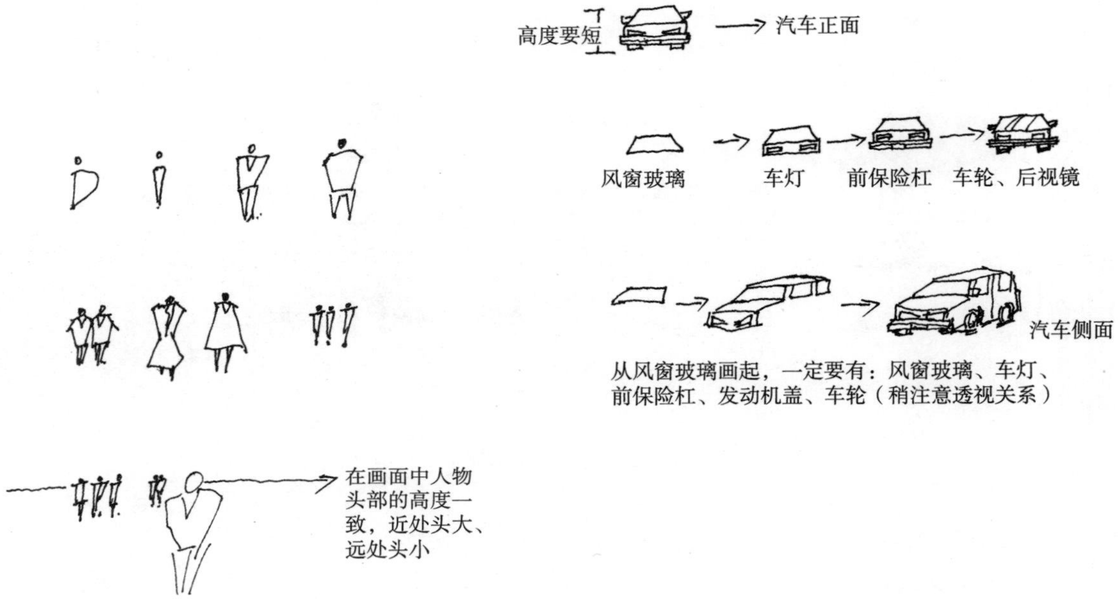

图 3-36　人物、汽车速写训练

【知识链接】

画配景时应注意的问题（图 3-37）。

1. 画配景树应注意的问题

（1）画近景树时，不画完整的形态，画树干和树冠的轮廓即可，不表现明暗变化。近景树一定不要挡住房子的边线。

（2）画中景树时，要画完整的形态，画树冠和树干，树干稍短些。中景树主要是为了遮挡底面。

（3）画远景树时，不画具体的形态，画轮廓即可。画远景树是为了处理画面的边缘。注意远景树两边不要为完全对称的形式。

2. 画配景人物应注意的问题

远景人物和近景人物的头部要保持同一高度，用人物大小找透视的感觉。注意人物最好成组出现。

3. 画配景汽车应注意的问题

远景汽车和近景汽车的车顶要保持同一高度，通过汽车大小找透视的感觉。

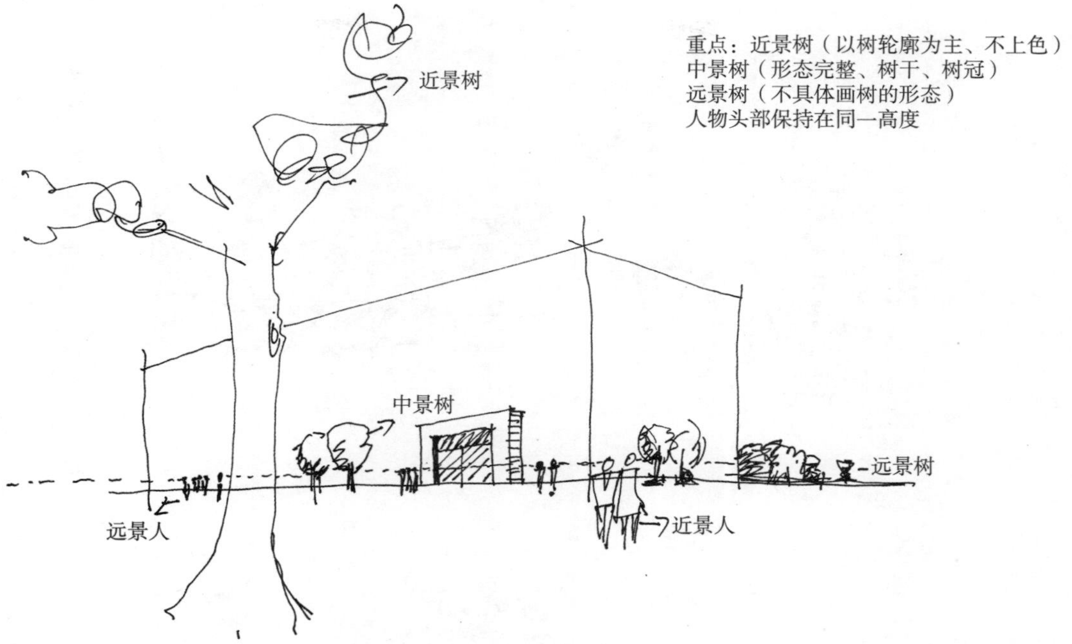

图 3-37　画配景时应注意的问题

【学习评价】

序号	考核项目	评分依据	评分范围	分值
1	构图	图面和谐优美，构图严谨	不符合扣分	20
2	透视	透视准确	不准确扣分	30
3	线条	线条流畅、娴熟，有专业特点	不符合扣分	20
4	图面	图面整洁、精细，并完成全部任务	不符合扣分	10
5	学习态度	积极主动学习	学习态度表现	20
			合计	100

【课外临摹作业】

准备速写纸，进行临摹练习。在教学过程中将定期检查直至学期末，成绩为本课程成绩的一部分。

临摹作业 1（图 3-38）

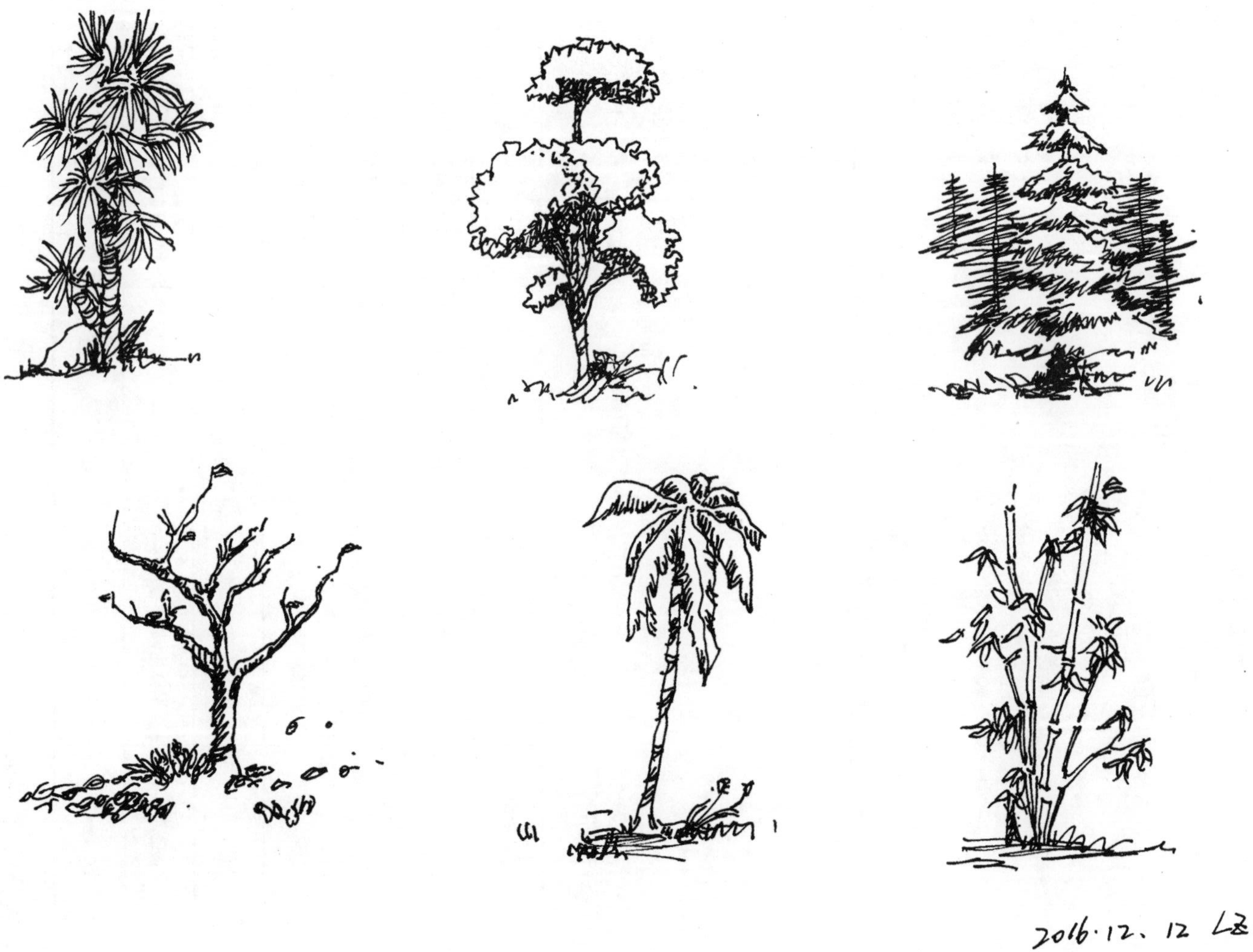

图 3-38　临摹作业 1

临摹作业 2（图 3-39）

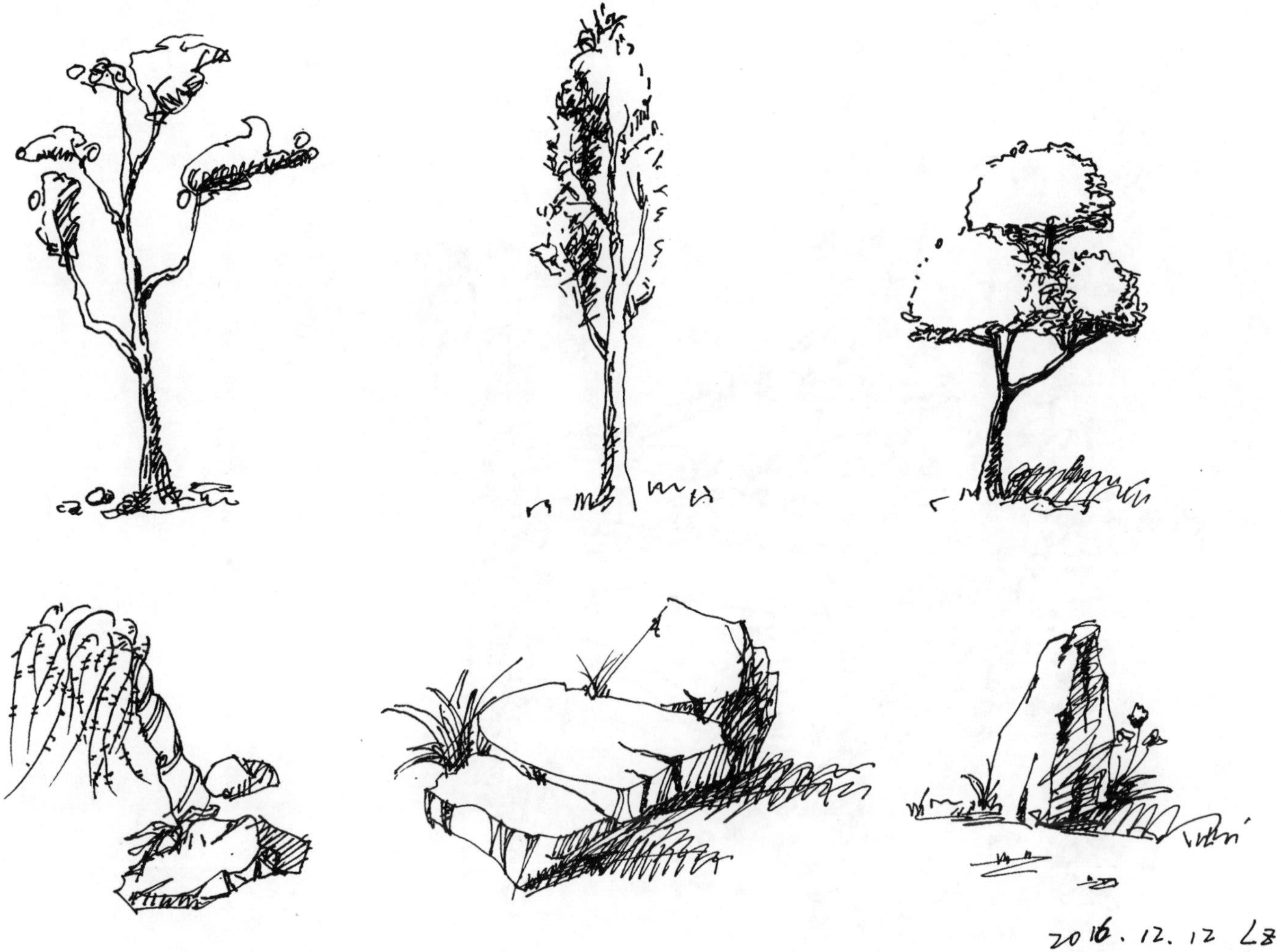

图 3-39　临摹作业 2

临摹作业 3（图 3-40）

图 3-40　临摹作业 3

临摹作业 4（图 3-41）

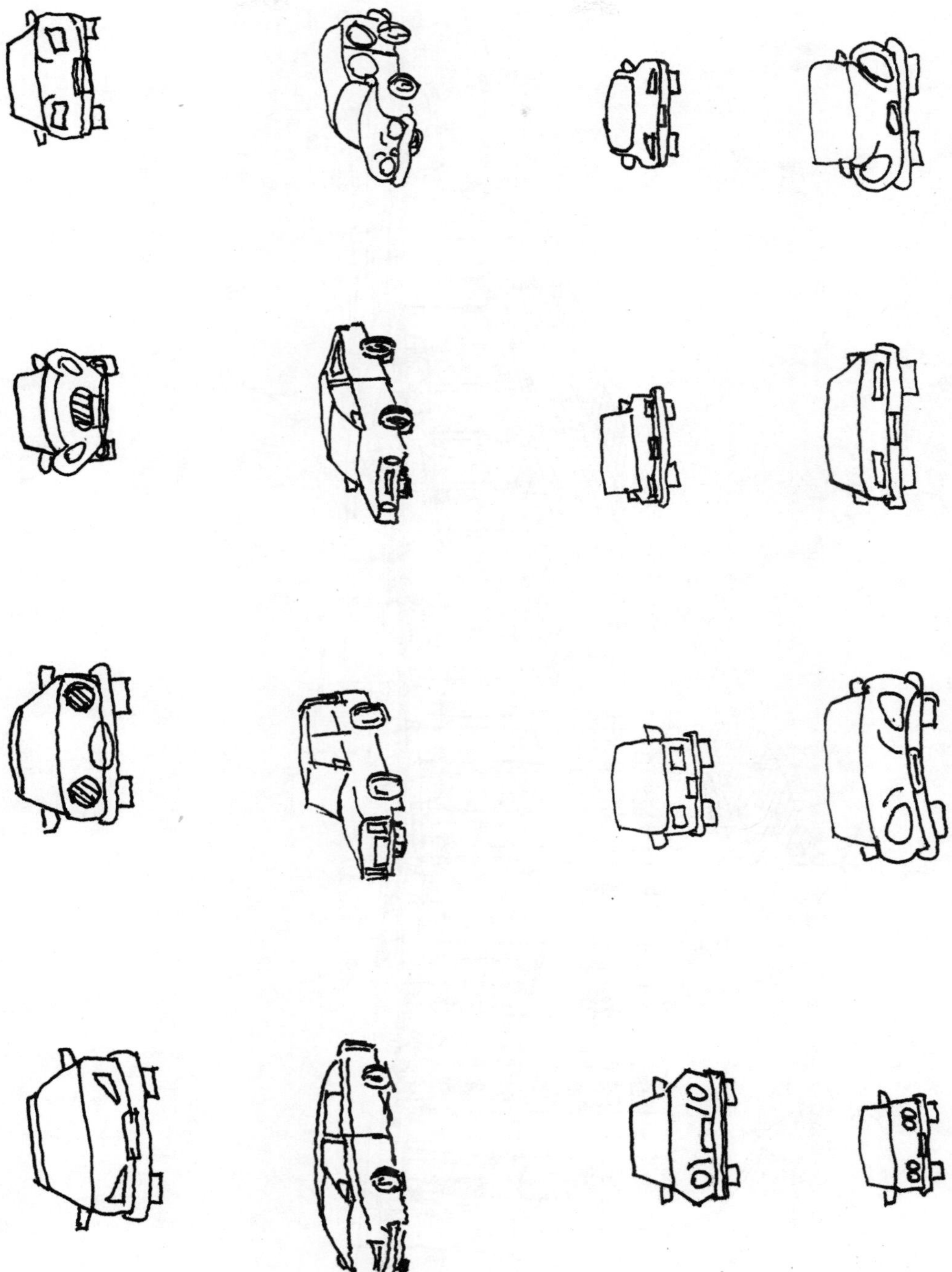

图 3-41　临摹作业 4

临摹作业5（图3-42）

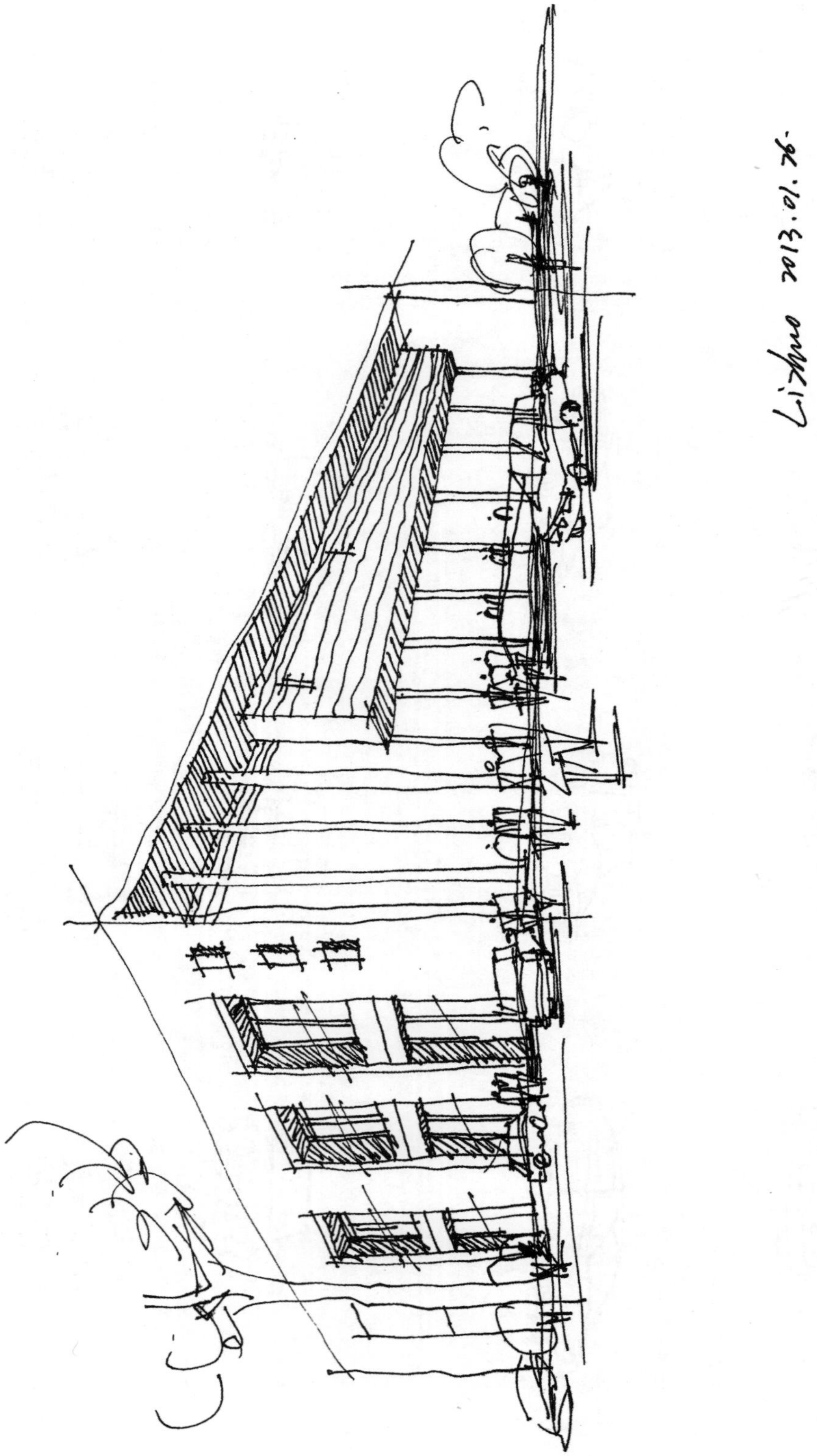

图3-42　临摹作业5

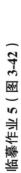

临摹作业 6（图 3-43）

图 3-43　临摹作业 6

临摹作业 7（图 3-44）

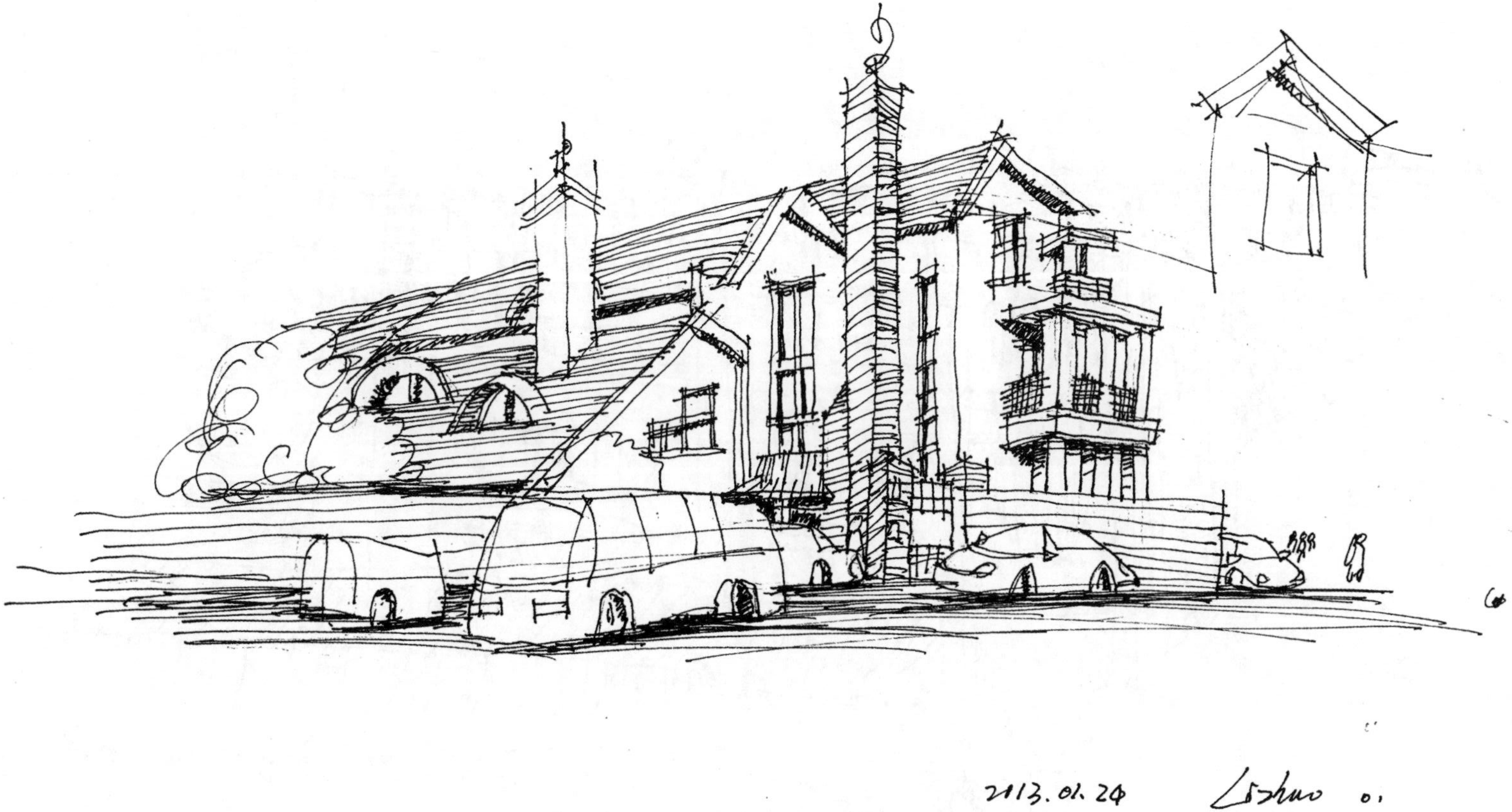

图 3-44 临摹作业 7

参考文献

[1] 德博拉・罗克曼 . 牛津素描指南——从观察到描绘 [M]. 王毅，译 . 上海：上海人民美术出版社，2016.
[2] 伯特・多德森 . 素描的诀窍 [M]. 蔡强，译 . 上海：上海人民美术出版社，2011.
[3] 潘金玲，王跃年，高柏 . 跟我学水彩静物风景写生 [M]. 南京：江苏美术出版社，2003.
[4] 菲利普・贝里尔 . 水彩画入门 [M]. 郭欢，译 . 北京：中国电力出版社，2007.
[5] 漆德琰，刘凤兰，杜高杰，等 . 水彩 [M]. 西安：陕西人民美术出版社，1995.
[6] 万生彩，等 . 色彩心理学：破译色彩与性格的秘密 [M]. 长春：吉林出版集团有限责任公司，2013.
[7] 宋彬 . 水彩风景写生课教程 [M]. 沈阳：辽宁美术出版社，2007.
[8] 平龙 . 水彩风景写生创作技法 [M]. 上海：上海人民美术出版社，2009.
[9] RS 奥列佛 . 美国设计学院教授讲课手稿：奥列佛风景速写教学 [M]. 杨经青，杨志达，译 . 南宁：广西美术出版社，2010.
[10] 夏克梁 . 手绘教学课堂：夏克梁景观表现教学实录 [M]. 天津：天津大学出版社，2008.
[11] 刘男，孙晓铭 . 建筑设计徒手快速表达 [M]. 哈尔滨：东北林业大学出版社，2010.
[12] 华元手绘（北京）教研组 . 设计手绘：建筑钢笔快速表现与实例 [M]. 武汉：华中科技大学出版社，2013.
[13] 托马斯 C 王 . 铅笔速写技法 [M]. 温家骏，译 . 北京：机械工业出版社，2004.
[14] 胡长龙，等 . 园林景观手绘表现技法 [M]. 北京：机械工业出版社，2006.
[15] 蔡惠芳 . 手绘表现图技能实训 [M]. 哈尔滨：哈尔滨地图出版社，2009.
[16] 夏克梁 . 建筑钢笔画：夏克梁建筑写生体验 [M]. 沈阳：辽宁美术出版社，2009.
[17] 奥津国道 . 水彩画专业技法 [M]. 王蕴洁，黄薇嫔，译 . 海口：南海出版公司，2015.

教材使用调查问卷

尊敬的教师：

您好！欢迎您使用机械工业出版社出版的“高职高专园林专业系列规划教材”，为了进一步提高我社教材的出版质量，更好地为我国教育发展服务，欢迎您对我社的教材多提宝贵的意见和建议。敬请您留下您的联系方式，我们将向您提供周到的服务，向您赠阅我们最新出版的教学用书、电子教案及相关图书资料。

本调查问卷复印有效，请您通过以下方式返回：

邮寄：北京市西城区百万庄大街22号机械工业出版社建筑分社（100037）
时　颂　　（收）

传真：010-68994437（时颂收）　　E-mail：2019273424@qq.com

一、基本信息

姓名：____________职称：____________职务：____________

所在单位：____________________

任教课程：____________________

邮编：____________地址：____________________

电话：____________电子邮件：____________________

二、关于教材

1. 贵校开设土建类哪些专业？

□建筑工程技术　□建筑装饰工程技术　□工程监理　□工程造价
□房地产经营与估价　□物业管理　□市政工程　□园林景观

2. 您使用的教学手段：　□传统板书　□多媒体教学　□网络教学

3. 您认为还应开发哪些教材或教辅用书？____________________

4. 您是否愿意参与教材编写？希望参与哪些教材的编写？

课程名称：____________________

形式：　□纸质教材　□实训教材（习题集）　□多媒体课件

5. 您选用教材比较看重以下哪些内容？

□作者背景　□教材内容及形式　□有案例教学　□配有多媒体课件
□其他____________________

三、您对本书的意见和建议（欢迎您指出本书的疏误之处）____________________

____

____

____

四、您对我们的其他意见和建议____________________

____

____

请与我们联系：

100037　北京市百万庄大街22号
机械工业出版社·建筑分社　时颂　收
Tel：010-88379010（O），6899 4437（Fax）
E-mail：2019273424@qq.com
http：//www.cmpedu.com（机械工业出版社·教材服务网）
http：//www.cmpbook.com（机械工业出版社·门户网）
http：//www.golden-book.com（中国科技金书网·机械工业出版社旗下网站）